양자컴퓨터 시대의
양자 교양

● **일러두기**

본문의 주는 두 가지입니다.
보충 설명은 해당 쪽 하단에 각주로, 참고문헌과 참고도서는 도서 뒤쪽에 미주로 표기 했습니다.

양자컴퓨터 시대의 양자 교양

Deep Insight Series 3

$i\hbar\frac{\partial}{\partial t}|\psi(t)\rangle = \hat{H}|\psi(t)\rangle$

이동우 지음

행성B

차례

프롤로그 — 양자 시대를 위한 최소한의 교양 8

Part 1 | 현묘한 양자역학

I. 양자의 매혹: 21세기를 사로잡은 미시 세계의 마법

- 이성과 직관 사이의 현묘한 춤, 양자역학과의 만남   19
- 그 자체로도 신비하고 인간적인 모습의 양자   29
- 양자 기술, 미래에 대한 거대한 기대와 희망   36
- 새로운 인문·사회과학 이야기, 양자 담론   41
- 양자역학, 선택이 아닌 필수가 된 시대   57

II. 빛과 물질의 이중생활: 양자역학의 수수께끼

- ◆ 상식을 뒤엎는 미시 세계의 반란   63
- ◆ 양자역학의 핵심은 무엇인가?   71
- ◆ 물리학의 가장 작고 강력한 혁명 '양자', 무슨 뜻인가?   76
- ◆ 신성하고 위대한 그리고 친숙한 존재, '빛'   83
- ◆ 파동인가 입자인가, 아인슈타인이 밝힌 빛의 이중성   91
- ◆ 물질도 파동이다, 드 브로이의 대담한 가설   103

III. 코펜하겐에서 시작된 양자 혁명: 새로운 세계관의 탄생

- ● 합리적이고 과학적이지만은 않은 과학 패러다임의 전환   115
- ● 주사위 던지기의 신, 확률로 지배되는 미시 세계   121
- ● 슈뢰딩거 고양이, 도대체 무엇이 문제인가?   136
- ● 행렬역학과 파동 방정식을 포섭하는 보어의 세계관, 상보성   148

- 원자 속 전자들의 현묘한 춤, 확률의 구름과 오비탈　　　　　155
- 마지막 근대인 아인슈타인의 수수께끼　　　　　168

Part 2 프로메테우스의 불, 양자컴퓨터

IV. 아직 완성되지 않은 양자 기술 혁명: 양자컴퓨터

- 양자 혁명, 부분과 전체의 새로운 관계　　　　　195
- 양자컴퓨터는 무엇이고 기존 컴퓨터와 어떻게 다른가?　　　　　201
- 양자컴퓨터는 왜 필요한가?　　　　　211
- 반도체는 논리의 좌뇌 vs 양자컴퓨터는 직관의 우뇌　　　　　226
- 양자컴퓨터가 가지고 올 변화는 무엇인가?　　　　　244
- 양자 기술의 상용화를 가로막는 기술적 난제　　　　　261

V. 양자 인공지능 시대, 제조업을 다시 주목해야 한다?

- '제조업 르네상스', 첨단산업 혁신과 제조는 얽혀 있다!   271
- 양자컴퓨터와 제조업 생태계 간 상호작용   276

VI. 현대 과학·기술 패러다임과 얽힌 국제 질서 변화의 서사: 양자 과학에서 전략 기술로, 원자폭탄과 반도체, 그리고 양자컴퓨터

- ◆ 대전환의 시대, 그 변화는 이미 시작되었다!   289

에필로그 — 미래는 예측이 아닌, 창조해 나가는 것이다 310 | 감사의 글 314 | 부록 — 기본 물리량 개념 알아두기, F=ma부터 에너지까지 316 | 주 320

프롤로그

양자 시대를 위한 최소한의 교양

십여 년 전, 동북아시아 근대 역사를 다룬 책에서 양자역학이란 단어를 처음 접했다. 양자역학이란 용어와 내용, 모든 것이 낯설었다. 하지만 그 낯섦이 싫지 않았다. 익숙하지 않은 것에 호의를 가질 때 새로움이 움트기 때문일까, 양자역학의 낯섦은 새로움으로 다가왔다. 학창 시절 나는 과학을 포기한 자, '과포자'였다. 과학은 멀게만 느껴졌고 관심도 없었다. 그랬던 내가 20대 중반을 지날 무렵 그 이해하기 어렵다는 양자역학에 관심을 두게 되었다.

학창 시절 나에게 과학은 차갑기 그지없었다. 그래서 다가가고 싶지 않았다. 과학이 나를 냉대한 것처럼, 나도 과학을 냉대했다. 하지만 처음 접한 양자역학 이야기는 독특한 매력을 발산하고 있었다. 전자는 '입자이면서 동시에 파동이고', '한곳이 아닌 여러 위치에 동시에 존재할 수 있으며', '관측되기 전까지는 실재하지 않는다'라고 한다. 이런 설명은 마치 도깨비를 목격한 듯한 당혹감을 주기도, 일종의 판타지 속 장면처럼 신비로운 느낌을 주기도 했다. 이런 양자의 모습은 내가 떠올리던 직선적이고 냉철한 과학의 이미지와는 거리가 있었다.

또한 양자역학 이야기에서 나는 철학적 향기를 느꼈다. 양자역학 해석을 받아들이지 못했던 아인슈타인과 양자역학의 아버지 보어 간 논쟁은 실존에 관한 철학적 토론과 같았다. "왜 입자는 관측하기 전에는 여러 상태로 동시에 존재하고 있다가, 관측하는 순간에만 하나의 상태로 확정되는가?"와 같은 양자역학 '관측' 문제는 "실제Actuality로 실재Existence하는 실체Substance는 무엇인가?" 같은 철학적 질문으로 연결될 수 있다. 이런 질문은 나 같은 문과들에는 새로운 사고의 자극제가 된다. 실제로 양자역학 패러다임 수립 후, 양자역학 세계관을 차용한 여러 철학적 담론이 등장한다. 인문·사회과학 나아가 종교계에서 시도하기 어려웠던 문제의식과 질문들이 양자역학 세계관을 통해 새롭게 구성되었고, 다시 태어났다. 신비롭고도 매혹적인 이야기 같았다.

신비롭고도 매혹적인 양자역학에 대한 나의 관심은 양자컴퓨터로 이어진다. 양자컴퓨터 기술은 웅장하고도 담대하다. 양자컴퓨터를 흔히 '슈퍼컴퓨터보다 1억 배 빠른' 기술로 소개한다. 양자컴퓨터가 어떻게 고전 컴퓨터 기반의 슈퍼컴퓨터보다 빠를 수 있는지 그 원리를 이해할 때, 이 기술의 거대한 잠재력에 또 한 번 매료된다. 그리고 이 기술을 상용화할 경우, 산업과 사회 곳곳에서 파생될 거대한 혁신의 모습은 담대한 희망마저 느끼게 한다. '이치나 기예의 경지가 헤아릴 수 없이 미묘함'을 일러 현묘하다고 한다. 이처럼 양자컴퓨터를 포함한 양자역학 이야기는 나에게 현묘함으로 다가왔다.

반면, 양자역학 이야기는 난해하기도 하다. 양자 세계 설명을 들을수록 '알 듯하다가도 모르겠다'라는 느낌을 지우기 어렵다. 과학자들이 다양한 비유로 친절히 설명해 주지만, 양자 세계의 모습은 우리가 경험하는 현실에서는 있을 수 없는 모습이기에 우리의 직관과 충돌한다. 이는 단순히 개념이 생소해서가 아니라, 미시 세계는 우리가 사는 거시 세계와 전혀 다른 법칙으로 움직이기 때문이다. 우리의 언어는 경험과 상식을 바탕으로 만들어졌기에, 양자 세계를 설명하는 데 본질적인 한계가 있다. 문제는 설명하는 사람도, 듣는 사람도 아니다. 양자 세계가 우리의 인식과 다른 차원의 세계라는 것이 문제라면 문제다.

이 낯설고도 매혹적인 세계를 나는 이해하고 싶었다. 전문가처럼은 아니더라도 교양 수준에서 양자역학과 양자컴퓨터가 어떻게 논의되는지, 그 흐름과 맥락을 알고 싶었다. 양자역학에 대한 관심이 탐구로 전환되는 순간을 맞이한 것이다. 그래서 고등학교 교과서부터 일반 교양서, 과학 커뮤니케이터들의 영상과 글, 나아가 논문까지 찾아보며 하나하나 개념을 정리해 나갔다.

　양자 세계를 탐구하며 알게 된 또 하나는, 양자역학이 단순한 과학 이론을 넘어 세상의 변화를 이끌어왔다는 사실이다. 양자역학의 등장은 원자 구조의 이해로 이어졌고, 이에 기반을 두어 화학과 생물학의 개념이 새롭게 정립되며 현대 과학의 토대가 마련됐다. 과학의 변화는 기술 혁신을 불러왔고, 이는 다시 산업과 사회 구조를 바꾸었다. 양자 패러다임은 인간의 사유 틀과 세계관에도 충격을 주었다. 이성과 합리성 중심의 사고는 흔들렸고, 복잡한 현실을 이해하기 위한 새로운 지적 탐색이 시작됐다. 이론 위에서 탄생한 원자폭탄, 반도체 등은 국제 정치와 안보에까지 깊은 영향을 미쳤다. 그리고 2020년대, 인공지능이 이끄는 4차 산업혁명 속에서 양자컴퓨터가 다시 주목받기 시작한다. 중첩과 얽힘을 활용하는 이 계산 방식은 인공지능Artificial Inteligence, AI의 진화를 가속할 도구이자, 산업·경제·안보 전반에 변화를 가져올 기술로 평가된다. 따라서 누가 먼저 양자컴퓨터를 선점하느냐가 미·중 기술 패권의 향방을 가를 수 있다.

　이러한 탐구는 결국 양자 세계를 '이야기'하는 교양서 집필로 이어졌다. 양자역학은 그 자체로 신비롭고 매력적일 뿐 아니라, 과거와 미래의 전환을 이해하는 데 중요한 교양의 틀로서도 가치가 있다. 또한 양자역학과 양자컴퓨터는 단순한 과학 지식이 아니라, '변화의 이야기'로 바라볼 필요가 있다. 양자 패러다임이 가져온 변화는, 앞으로의 세계를 이해하는 데 실마리를 줄 수 있다. 문과 출신인 내가 첨단 과학을 다룬다는 건 어쩌면 과감하고, 동시에 무모한 일일지도 모른다. 물론 나는 과학자처럼 깊이 있는 전문성을 갖추고 있진 않다. 하지만 과학 교양의 소비자로서 과학을 잘 모르는 사람이 어디서 막히는지, 어떤 설명이 필요한지, 무엇이 알고 싶은지를 더 섬세하게 감지할 수 있었다. 이 책은 그런 탐색의 결과물이다.

양자 과학과 양자컴퓨터 세계를 이해하기 위한 첫 관문이 되고자 세 가지 목적을 담아 이 책을 썼다. 첫째, 양자역학과 양자컴퓨터의 기초 개념을 쉽게 풀어내는 과학 교양서로서 역할이다. 둘째, 양자 기술이 어떻게 산업과 사회, 국제 정치의 흐름을 바꿀 수 있는지 조망하며 미래 트렌드를 함께 짚어본다. 셋째, 이 책은 양자역학이 인간의 인식과 사고방식에 어떤 전환을 일으켰는지 등을 다루는 인문·사회 교양서이기도 하다. 왜 우리가 양자 이야기에 주목해야 하는지, 어떤 맥락에서 이해해야 하는지를 담백하게 담으려 노력했다. 과학에 익숙하지 않은 시선에서 궁금했던 개념과 맥락을 정리해 보고자 했다.

1부에서는 현묘한 양자역학 세계를 설명한다. 우선 '대중들이 양자역학에 왜 주목하는지'를 내가 양자역학에 관심을 둔 계기를 통해서 살펴본다. 또 양자역학의 핵심 현상인 양자 중첩과 양자 얽힘을 알아보는 과정에서, '양자의 뜻', '빛과 전자의 관계', '원자의 실제 모습' 등을 이야기한다. 나아가 양자 교양 콘텐츠를 접하면서 자주 들어봤을 법한 '광전효과', '물질의 이중성', '슈뢰딩거의 고양이', '보어의 상보성'이 도대체 무얼 뜻하고 무얼 말하는지 그 의미를 살펴본다. 또한 코펜하겐 학파의 양자역학 패러다임이 수립되는 과정에서 합리적이지만은 않았던 패러다임 전환의 의미를 같이 알아본다.

2부는 양자컴퓨터에 관한 이야기다. 양자컴퓨터가 왜 필요한지, 실제로 왜 빠른지, 어떻게 활용되고 어떤 변화를 이끌 수 있는지를 다룬다. 기술적 제약과 상용화 전망, 향후 발전 방향도 함께 살펴본다. 정보를 나열하기보단 나의 관점을 구조화해 설명하며, 양자컴퓨터 개념을 쉽고 명확하게 전달하는 데 중점을 뒀다. '반도체는 좌뇌, 양자컴퓨터는 우뇌'라는 관점을 통해, AI와 4차 산업혁명의 맥락 속에서 양자컴퓨터의 의미를 짚는다. 아울러 양자 인공지능과 제조업의 관계, 그리고 양자 기술이 미중 기술 패권 경쟁에서 갖는 전략적 의미도 같이 조명한다.

이 책은 양자역학과 양자컴퓨터를 이해해 보고 싶은 사람들을 위해 썼다. 양자 이야기를 영상으로 흘려보던 독자, 양자 과학의 전체 흐름을 잡고 싶은 독자에게 좋은 출발점이 될 것이다. 이제, 현묘한 양자의 세계로 함께 들어가 보자.

Part 1

현묘한 양자역학

양자의 매혹:
21세기를 사로잡은 미시 세계의 마법

이성과 직관 사이의 현묘한 춤, 양자역학과의 만남

양자역학을 처음 마주한 것은 과학적 호기심과는 무관했다. 과학을 다룬 어떤 책이나 영상에서 비롯된 것도 아니었다. 학창 시절, 나는 과학을 포기한 이른바 '과포자'였다. 그랬던 내가 동북아시아 역사를 다루는 한 권의 책을 통해서 양자 세계를 처음 알게 됐다. 그 책은 바로 미국 오바마 정부 키친 캐비닛 멤버 중 한 사람이었던 이홍범 박사의 《아시아 이상주의Asian Millenarianism》다.

이홍범은 'Millenarianism'을 우리말로 '이상주의'라 정의했다. 이상주의란 종교적 신념이나 공산주의 같은 이념을 통해 사회에 근본적인 변혁이 곧 일어나리라 믿거나, 반드시 그런 변화를 이루어야 한다는 믿음을 뜻한다. 그리고 이러한 믿음이 정치적 목적과 결합해 집단행동으로 이어질 때, 이를 '이상주의 운동'이라 한다.

《아시아 이상주의》는 이런 관점에서, 19세기 후반 동북아시아 국제 관계의 큰 변화를 촉발한 조선의 동학농민운동과 청나라의 태평천국운동을 다룬다. 그의 연구에는 기존 연구와 다른 몇 가지 특징이 있다. 그중 하나는 이상주의 역사 연구에 사회과학적 접근뿐 아니라 양자역학적 세계관을 활용한 새로운 이해도 필요하다고 말한 것이다.

이 책을 읽을 당시 나는 사회과학 학문을 공부하고 있었지만, 사회과학이란 학문에 매우 비판적인 시각을 가지고 있었다. 치기 어린 시절 막연한 큰 성공을 꿈꾸었고, 꿈에 그리는 큰 성공을 하기 위해선 '세상의 흐름'을 알 수 있는 통찰력을 키워야 한다고 믿었다. 또한 어린 시절 경제학을 위시한 사회과학이란 학문은 내가 통찰력 갖출 수 있도록 도와줄 수 있는 아주 매력적인 학문이라 믿었다. 하지만 사회과학이란 학문을 공부할수록 학문의 매력보다는 그것이 가지는 한계가 더욱 두드러져 보였다. 사회과학 학문은 과거의 분석에만 머물 뿐, 앞을 내다보며 진정한 변화를 만들어내지 못한다는 한계를 느꼈다. 물론 미래를 들여다보기 위해선 과거(역사)를 인과적인 체계를 갖추어 종합적으로 살펴봐야 한다. 그런 관점에서 사회과학이란 학문은 과거를 보는 통찰력을 갖추는 데 분명한 도움을 주지만, 미래 앞을 내다보는 예측

영역에선 그 역할이 제한적이다. 미래 변화를 살피기 위해선 사회과학의 통찰력을 통한 분석을 병행해야 하지만, 분석된 내용을 가지고 다른 무언가를 통찰하는 능력은 물질 요인에 한정되지 않는 예술적 감각 혹은 영성적 감각(영감)이 필요하다. 더욱이 미래를 실현하는 일은 결국 선구자Entrepreneur와 여러 안목 있는 조력자들의 실행을 통해 완성된다. 이처럼 당시 사회과학에 관한 날 선 비판적 시각을 지니고 있던 때, 한 선배의 권유로 《아시아 이상주의》를 책을 접했고, 책에서 언급한 '양자역학'이라는 단어가 눈에 들어오게 된다.

학창 시절 여러 유무형의 과학 콘텐츠들을 통해 '양자역학'이란 단어를 접했을 수도 있지만, '양자역학'이라는 용어가 뇌리에 스치며 각인되었던 때는 바로 이때였다. 20여 년간 교양 수준의 과학에도 큰 관심이 없던 내가 양자역학에 관심을 두게 된 것도 참 아이러니다. 그것도 역사를 다룬 사회과학 서적을 통해서 말이다. 물론 사회과학도 '과학'을 표방하기에 양자역학이란 과학과 연결될 수도 있지만, 사회과학의 과학적 세계관과 양자역학은 또 엄연히 다른 세계관을 추구한다. 그렇기에 사회과학 도서가 양자역학 세계관을 이야기하는 것 또한 어딘가 낯설다. 당대의 정치·경제 환경 요인을 떠들겠거니 예상했던 책에서 전혀 예상치 못했던 분야의 용어가 나왔다는 반전에 나의 이목이 끌렸다. 아마도 사회과학 공부에 지루함을 느끼고 있었던 차였기에 더욱 그랬던 것 같다.

낯선 맥락 속에서 마주한 양자역학에 관한 이유 모를 끌림으로 양자역학 다큐멘터리를 찾아봤다. 그리고 양자의 특성을 설명하기 위한 이중 슬릿 실험을 보고 난 후 정말 큰 충격을 받았다.

"아니 무슨 이런 말도 안 되는 일이……. 과학이란 말인가……."

이중 슬릿 실험은 '전자'가 파동인지 입자인지를 관찰하는 실험이다. 레이저로 전자를 좁고 기다란 두 개의 틈, 이중 슬릿이 있는 판에 쏘면, 이중 슬릿 판을 통과한 전자가 뒤쪽에 있는 스크린에 파동 무늬가 생기는지 혹은 줄무늬 두 개가 생기는지 확인할 수 있다. 만약 빛이 파동이라면, 파동의 회절回折, Diffraction과 간섭干涉, Interference 성질로 인해, 전자가 좁고 기다란 두 개의 틈을 동시에 빠져나오며 스크린에 파동 무늬를 그린다. 반면 명확한 하나의 궤적을 그리는 입자라면, 두 개의 틈 중 하나만 통과하여 스크린에 줄무늬 두 개가 나타난다.

그리하여 과학자들은 전자의 실체를 확인하기 위해 이중 슬릿 실험을 진행한다. 첫 번째 실험에서 레이저 전자 한 개를 여러 번 쏜 결과, 전자는 스크린에 파동 무늬를 그렸다. 그리고 이어서 파동 무늬를 그린 전자 한 개가 이중 슬릿을 통과할 때 어떻게 통과하는지 관찰하기 위해 측정 장치를 두고 다시 실험한다. 그런데 아니 이게 무슨 일인가! 이번에는 전자가 파동의 모습을 보이는 것이 아니라 스크린에 입자의 모습을 드러낸 것이다. 전자가 마치 측정 장치를 인식하고 의식을 가진 것 같이 자기 모습을 순식간에 바꾼 것이다. 당시 이중 슬릿 실험을 설명하는 다큐멘터리를 지하철 승강장 벤치에서 보고 있었던 나는 도깨비라도 본 것처럼 소스라치게 놀랐다. 너무나도 놀란 나머지 주변이 뿌예지면서 슬로비디오와 같이 느려졌고 순간의 정적과 함께 몇 초간 입을 벌리고 멍하니 있었다.

그리고 다큐멘터리에서는 '슈뢰딩거의 고양이' 사고실험과 '아인슈타인의 달 관측' 등 논쟁을 이야기한다. 해당 사고실험과 논쟁은 인지하고 체감하기 어려운 양자역학의 이중성, 중첩, 관측, 불확정성과 같은 특성을 달과 고양이라는 거시 세계 물질에 빗대어 한 가상의 사고실험이다.

양자역학의 확률적 해석이 마음에 들지 않았던 **아인슈타인**은 말한다.

"신은 주사위 놀이를 하지 않는다."

이 말을 전해 들은 **보어**는 반박한다.

"신에게 무엇을 해야 할지 규정하지 말라."

양자역학의 중첩 개념이 마음에 들지 않는 **슈뢰딩거**가 말을 보탠다.

"당신들은 전자가 중첩된 상태에 있다고 말한다. 그렇다면 고양이도 살아 있으면서 동시에 죽어 있다는 것인가? 이것은 터무니없는 결과다."

나아가 **아인슈타인**은 양자역학의 '관측'의 모호성 역시 마음에 들지 않는다.
"당신이 달을 바라볼 때만 오직 달이 존재할 수 있다고 하는데, 정말로 그 말을 믿는가?"

보어, 하이젠베르크 등 **코펜하겐 학파**의 입장은 대략 이렇다.
"측정하기 전에는 고양이의 상태를 규정할 수 없으며, 상자를 열어 관측할 때만 현실이 하나로 결정된다."
"당신이 달을 바라보든 그렇지 않든, 우리가 말할 수 있는 것은 오직 관측으로 얻어진 결과뿐이다."
"미시 세계의 근본적인 제약을 받아들이고, 상보성이란 개념을 통해서 양자역학을 이해해야 한다."
⋮

위와 같은 발언을 하면서 위대한 과학자들끼리 양자역학을 과학으로 인정할 수 있는지를 논쟁한다. 솔베이 회의라 불리는 학회에서 논쟁하기도 하고, 《피지컬 리뷰 Physical Review》 같은 곳에서

논문을 통해 논쟁하기도 한다. 때로는 동료에게 편지를 보내면서 자신의 의견을 적기도 하고, 산책 중에 자신의 의견을 피력하기도 한다. 현재의 우리는 대개 이런 요소요소들을 모아서 편집된 논쟁 이야기를 하나의 콘텐츠로 주로 접하게 된다.

세기 천재들의 논쟁을 지켜보면, 이들이 과학을 논하는 것인지, 인간과 세상의 '존재란 무엇인가?'라는 철학적 논쟁을 하고 있는지 구분할 수 없을 정도로 심오한 이야기를 주고받는다. 한편으론 아인슈타인과 슈뢰딩거의 생각과 감정이 공감된다.

"달이 저 위에 분명히 존재하는데, 눈을 감는다고 해서 달이 있는지 없는지 알 수 없다는 이 무슨 말도 안 되는 소리를 하는 거야, 이게 정말 과학 토론인가? 관찰에 의해서만 존재한다니, 실존 철학 논쟁인가?"

낯선 끌림에 의해 찾아본 양자역학 이야기는 신비함 속에서 심오함이 더 해진 더욱 낯선 이야기였다. 하지만 그 낯섦이 불편하지 않았다. 오히려 '인간의 존재는 무엇이고 왜 살아가는가?'와 같은 존재론적 고민에 한창 빠져 있었던 당시 나에겐 더욱 매력적인 이야기로 들렸다. 양자역학의 신비함과 심오함에 매료된 나의 관심은 양자 기술로 이어진다.

과학이 발전하면, 과학 수준에 맞는 기술이 개발되는 것이 순리이듯, 양자역학 세계를 알게 된 인간은 양자역학에 기반한 기술 창조를 시도한다. 인간이 창조하려 하는 양자 기술의 중추이자 꽃은 바로 양자컴퓨터다. 양자컴퓨터의 모습은 양자역학처럼 신비할 뿐만 아니라, 필연적으로 다가올 미래며, 훗날 과학 기술 패러다임을 지배할 기술이란 생각이 직관적으로 들었다.

이유 모를 끌림으로 양자역학에 관심을 가지고, 양자컴퓨터가 가지고 올 변화의 파급력을 직관적으로 느낀 난 '양자역학과 양자컴퓨터'에 대해 잘 이해하고 싶었다. 물리학자나 컴퓨터공학자 같은 전문가는 될 순 없어도, 적어도 앞으로 다가올 변화와 가치를 정확하게 알아볼 수 있는 안목 있는 사람이 되고 싶었다.

하지만 역시 양자역학과 양자컴퓨터를 교양 수준으로 이해하는 일 역시도 쉬운 일이 아니었다. 수식어가 필요 없는 천재 리처드 파인먼 Richard Feynman도 "세상에 양자역학을 이해하는 사람은 아무도 없다. 누군가 양자역학을 이해한다고 생각하면 아마 그 사람은 미치거나 거짓말을 하는 것이다"라고 이야기할 정도니 말이다. 하물며 과포자인 내가 쉽게 이해하길 바라는 것은 욕심일 것이다. 그렇다고 안목 있는 사람이 되기를 포기할 순 없는 법, 그리고 역시 무언가 배움을 시작할 땐 책만 한 것이 없다.

여러 영상 매체에서 물리학자, 양자컴퓨터 투자자, 컴퓨터공학자 등이 양자역학과 관련된 지식이 활발히 소개하고 있다. 여러 전문가가 이해하기 쉽게 잘 설명해 주지만, 정작 내용을 다 보고 난 뒤에는 스스로 정리가 잘 안 된다. 결국 양자역학, 양자컴퓨터 작동 원리와 작동 방식 등을 차분히 이해하기 위해선 텍스트화한 책이 필요하다.

그렇지만 국내에는 양자역학 및 양자컴퓨터에 대한 이해를 돕는 교양서 수 자체가 부족하다. 또한 국내에서 접할 수 있는 좋은 양자역학과 양자컴퓨터 입문서 대부분은 일본 전문가들이 집필한 번역된 책들이 대부분이다. 일본에서 저술된 관련 입문서들은 일본 문화의 장점이 잘 반영되어 관련 전문 내용을 매우 상세하게 잘 설명한다. 하지만 해당 내용을 한 판의 그림을 그려주듯 설명하는 좀 더 쉬운 입문서가 아닌 점은 이공계 기초가 없는 내게는 다소 아쉬운 부분이다.

그렇기에 이공계 기초가 없는 독자가 양자역학 및 양자컴퓨터의 전체적인 모습을 알 수 있도록, 일종의 지도를 그리는 방식으로 책을 써보자 결심했다. 흔히들 이야기하지 않던가, 가르칠 때 가장 많이 배우고 성장한다고. 그런 관점에서 이 책은 미래의 안목을 갖추기 위한 나를 위한 책인지도 모르겠다. 더 나아가 양자기술이 가지고 올 변화를 산업과 국제 관계 측면에서 같이 그려보고자 한다. 부족하나마 과학이나 기술 측면만 이야기하는 것이 아닌, 해당 과학 기술이 앞으로 어떻게 우리 현실 속에서 어떻게 영향을 주는지 이야기하는 것이 이 책을 차별화할 수 있는 지점이라고 생각한다.

2014년 양자 세계에 관한 관심을 가지고 2023년 책 집필을 결심하기까지 그간 양자 세계에 대한 대중의 관심이 높아졌음을 느졌다. 책을 기획하는 과정에서 문득 궁금증이 생겼다.

"양자 세계 이야기에는 어떤 매력이 있기에 대중들을 매료시키는 것인가?"

그 자체로도 신비하고
인간적인 모습의 양자

"양자역학은 우리 중 그 누구도 제대로 이해하지 못하지만,
우리가 사용할 줄 아는 신비하고 당혹스러운 학문이다."
— 1969년 노벨 물리학상 수상자 머리 겔만 Murray Gell-Mann —

양자의 모습은 인간의 직관과 어긋난다. 전자와 같은 양자는 '양면성'을 가진다. 여기서 이야기하는 양면성은 양자가 '파동의 성질'과 '입자의 성질'을 동시에 가짐을 뜻한다. 대개 우리가 '파동'과 '입자'를 생각할 때 '파동은 물결과 같이 퍼져 나가는 모습'이고, '입자는 한 점에 존재하는 모습'을 각각 상상할 것이다. 하지만 미시 세계에서 전자는 파동 모습을 하다가도, 입자의 모습으

로 변하는 '파동이면서 입자인', '입자이면서 파동인' 모순적인 모습을 보인다.

또한 하나의 양자는 미시 세계에서 여러 장소에 동시에 존재하는 '상태 공존' 특성이 있다. '상태 공존'이란 양자역학 용어로 '중첩'이라 한다. 중첩은 하나의 전자가 여러 상태가 겹쳐진 형태로 존재하는 현상이다. 전자를 인간으로 치면, 인간이 여러 곳에서 여러 모습으로 동시에 존재하는 것과 같다. 중첩된 전자는 관측되기 전까지 확정된 상태로 고정되지 않는다. 그리고 그 상태는 오직 확률적으로만 예측할 수 있다. 오해하지 말자. 이때 전자가 여러 개로 늘어나는 것이 아니라, 하나의 전자가 여러 상태로 존재하는 것이다. 관측이 이루어지는 순간, 한 가지 상태로 확정된다. 이런 양자의 특성은 마치 도깨비가 변신술과 분신술을 쓰는 것 같다.[1]

좀처럼 자기 모습을 드러내지 않는 양자, 과포자들의 복수를 대신해 주는 양자역학

이런 전자의 모습이 이해나 상상이 되는가? 과학자들은 이런 양자 세계의 모습은 인간의 직관에 어긋난다고 말한다. 그래서 양자역학은 쉽게 이해되지 않는다. 다만 이 어려움은 내용이 복잡해서가 아니라, 우리가 익숙한 차원과 전혀 다른 세계이기 때문이다. 그렇기에, 이 어려움을 '난해함'이라고 표현하는 것이 더 적절한지도 모르겠다. 대중에게 이러한 난해함은 오히려 흥미로움으로 다가오기도 한다.

물리학자들은 '거리, 속도, 시간' 관점에서 물질의 변화를 측정함으로써 원리를 찾아낸다. 하지만 물리학자들이 양자의 움직임을 관찰하려고 하면, 양자는 본인의 모습을 도통 드러내지 않는다. 물리학자들이 양자의 위치를 확인하려 하면 양자의 속도가 변화하고, 속도를 확인하려 하면 어디에 있는지 모른다는 것이다.[2] 이것은 흡사 양자가 과학자들과 술래잡기하며 안 잡히겠다는 의지로 농락하는 것 같다. 그리고 이런 양자의 신비로운 모습은 과학을 어렵고 냉정하게만 여겼던 이들에게 반전의 매력을 선사한다.

유시민 작가는 김상욱 교수의 과학 교양서 《떨림과 울림》에 "김상욱에게 배웠다면 물리를 다정하게 대했을 텐데"라는 서평을 남겼다. 유시민 작가의 서평이 왜 나에게도 울림으로 다가온 것인지는 모르겠지만, 그의 서평은 시처럼 내 마음을 울리며 학창 시절 과학 교과와 나의 관계를 불현듯 상기시켰다. 과학이란 교과가 나를 매몰차게 대한 것인지, 내가 과학이란 교과를 매몰차게 대한 것인지는 모른다. 하지만 분명한 것은 나와 과학의 관계는 싸늘하기 그지없었다. 학창 시절 과학에 대한 나의 이미지는 엄밀하고 직선적인 논리 속 매우 차가운 현실적인 이야기였다.

하지만 상상 속 만화에서나 보던 '분신술' 같은 현상이 실제 양자 세계에서 나타나고, 과학자들을 골탕 먹이듯 의도적으로 모습을 숨기는 모습은 신비함을 넘어 묘한 통쾌함을 준다. 심지어 양자역학은 현대 물리학에서 가장 과학적 진리란다. 양자역학의 이야기를 접한 이후 적어도 나는 과학을 매몰차게 대하지 않고 먼저 다가가며 과학의 소재로 인문·사회과학적 사색을 하기도 한다. 양자역학의 난해함 속에서 신비로움을 느끼는 우리의 양면적 시선이 양자역학의 이중적 특성에 기인할지도 모른다.

양자의 철학적 향기에 이끌리는지도 모른다

그렇다. 양자역학은 신비하다. 엄밀하고 차가운 과학 이야기인 줄 알았는데, 예상치 못한 판타지 같은 이야기였다. 그렇기에 나같이 학창 시절 과학과 담쌓고 지내던 이들도 양자역학 이야기에 매료된다. 하지만 양자가 신비로워서만 사람들이 그 이야기에 관심을 두는 것일까? 우리는 어쩌면 양자역학의 신비를 넘어, 기존 과학과 다른 그 세계에서 인간미를 느끼고 있는지도 모른다.

양자역학 패러다임이 수립된 이후 과학의 세계는 두 가지로 나뉜다. 그 세계를 우리는 각각 고전역학 그리고 양자역학이라 부른다. 신이 지배하던 중세가 끝나고, '이성과 인과율'이 지배하는 고전 과학의 시대가 열렸다. 그 시대를 연 과학자들은 이렇게 믿기까지 했다.

"모든 입자의 위치와 운동량을 알면 과거와 미래를 정확히 예측할 수 있다."

이 주장은 19세기 프랑스 수학자이자 천문학자인 라플라스가 제안한 개념으로, '라플라스의 괴물'이라고도 불린다. 이 극단적 결정론이 '괴물'이라 불린 점을 보면, 절대적인 결정론이 당대에 다소 불편하게 받아들여진 면도 있었던 것 같다.³ 인간은 불확실한 것을 싫어한다. 그렇기에 우리는 예측하려 한다. 불확실한 세상을 설명하고 예측하기 위해 인간은 여러 학문을 만들었고 과학도 그중 하나다. 반면 인간은 미래를 알고 싶어 하면서도, 라플라스의 괴물과 같이 자신의 인생 혹은 운명이 정해졌다고 하면 무언가 불편함 또한 느낀다.

과학 이야기와는 다소 반대의 이야기일진 모르지만, 언젠가 한 번쯤 다들 재미 삼아서라도 사주를 본 적이 있을 것이다. 그런데 내가 가진 운이 좋다는 이야기를 들으면 좋지만, 그 반대의 이야기를 들으면 기분이 썩 좋지 않다. 재미 삼아 봤다지만, 한 번 들은 부정적인 이야기가 괜스레 신경 쓰인다. 반면 내가 가진 운이 또 좋다고만 해도 마음이 썩 편하지 않다. 혹여나 그 좋은 운이 사실이 아니면 어쩌지 등 괜한 걱정하기도 한다. 사주가 맞고 틀리고가 아닌, 사주를 볼 때 우리 심리가 그렇다는 것이다. 미래가 궁금하면서도 우리의 미래가 꼭 그렇게 정해져 있다 단정되면, 그 역시 마음이 불편하다. 마치 인간의 주체성이 결여된 사람이 된 것만 같다. 미래가 불확실한 건 싫으면서도, 또 정해졌다고 하면 불편해지는 인간 심리의 아이러니다.

"내게도 의지가 있는데, 왜 모든 게 정해진 대로 흘러가야 하나?"

그래서 우리는 양자역학에 본능적인 호감을 느끼며 더 큰 관심을 보이는지도 모른다. 양자역학의 핵심 원리는 불확정성 원리다. 관측되기 전 양자의 상태를 확률적으로밖에 알 수 없다. 확률적으로 접근할 수밖에 없는 이유는 위치와 속도를 동시에 알 수 없기 때문이다. 그렇기에 과거와 미래가 연결된 일종의 경로가 존재할 수 없다.[4] 모든 것이 정해져 있다는 차갑고 직선적인 논리보다는, 꼭 그렇게만 되지 않을 수 있다는 더 인간적인 가능성, 그 이야기에 우리는 마음이 끌린다. 다만, 과학 원리로서 양자역학의 불확정성 원리와 세상과 삶의 불확실성이 같다는 이야기는 아니다. 어디까지나 양자역학 이야기에 사람들이 공감하고 매력을 느끼는 이유를 하나의 관점에서 살펴본 것이다.

양자역학이 불확정성 원리에서 인생의 불확실성을 비추어보듯, 양자역학 이야기엔 철학적 풍미가 담겨 있다. 유시민은 《문과 남자의 과학 공부》에서 말하길, "문과들은 철학의 향기에 끌린다"

라고 했다. 학창 시절 과학에 관심조차 주지 않았던 내가 이런 이유로 양자역학에 좀 더 깊은 관심을 두는지도 모른다. 이런 매력 때문일까. 과학자들의 의도와 무관하게, 양자역학을 접한 대중은 그 세계관을 차용해 다양한 방식으로 새로운 이야기를 재생산한다. 간혹 과한 해석과 차용이 존재하기도 하지만, 이런 시도들은 콘텐츠로서 양자역학 이야기를 더욱 풍성하게 해준다. 그리고 실제로 양자역학은 인문·사회과학 세계관에 큰 철학적 파동을 일으켰다. 이 부분에 관해서는 마지막에 이야기하려 한다.

양자 기술,
미래에 대한 거대한 기대와 희망

"충분히 발달한 기술은 마법과 구분할 수 없다."
— 영국 SF 작가 아서 C. 클라크 Athur C. Clarke —

양자역학을 통해서 여러 기술이 탄생했고, 해당 기술들은 인류 문명의 수준을 비약적으로 끌어올렸다. 오늘날 우리가 사용하는 원자력 발전, MRI, 반도체 기술은 모두 양자역학의 원리를 토대로 발전해 왔다. 우리는 양자 수준에서 물질과 에너지를 다뤄 에너지를 얻고, 인체를 진단하며, 전자기기를 사용한다. 지금까지 발전한 관련 기술로도 과학 문명은 획기적인 발전을 이뤘다. 하지만 양자역학 원리가 적용된 기술의 진정한 면모는 아직 드러나지 않았다. 향후 개발될 양자 기술은 다시 한번 인류 문명을 혁명적으로 변화시킬 수 있다.

양자 기술의 거대한 잠재력

양자 기술 가운데 가장 주목받는 기술은 바로 양자컴퓨터다. 대개 양자컴퓨터를 소개할 때 기존 컴퓨터보다 1억 배 연산이 빠른 컴퓨터라고 표현한다. 양자컴퓨터는 슈퍼컴퓨터보다 상위의 계산 능력을 가진 컴퓨터다. 이런 양자컴퓨터는 다른 산업에 활용될 수 있는 기반 기술로서, 여러 분야의 발전을 불러올 수 있다. 예를 들어, 코로나와 같은 예측 불가능한 전염병이 창궐했을 때, 바이러스의 염기 서열을 빠르게 분석하고 그에 맞는 백신과 치료제를 개발할 수 있다. 또한, 셀 수 없이 많은 경우의 수를 고려하는 자동차의 완전 자율주행도 현실화할 수 있다. 이처럼 양자컴퓨터는 인류가 꿈꿔온 여러 기술 분야에서 또 한 번의 비약적인 발전을 이끌 수 있다.

양자컴퓨터가 주목받는 또 하나의 이유는, 기후 위기에 대응할 수 있는 몇 안 되는 기술이라는 점이다. 글로벌 컨설팅 회사 맥킨지는 양자컴퓨터 기반으로 한 기후 기술이 앞으로 2035년까지 세계 이산화탄소 배출량의 10%를 줄일 수 있다고 한다.[5] 단적인 예로, 세계 최고 성능의 슈퍼컴퓨터 '프런티어'는 운영하는 데 작은 도시 한 달치 전력이 필요하지만, 양자컴퓨터는 그보다 훨씬 적은 에너지로 그 이상의 계산을 수행할 수 있다.[6] 그뿐만 아니라 양자컴퓨터를 통해 기후 위기에 대응할 수 있는 기술이 파생될 수 있다. 예를 들어 양자컴퓨터를 이용해서 식물이 어떻게 태양 에너지를 화학 에너지로 변화하는지 원리가 밝혀지면 태양전지의 에너지 생산 효율이 크게 높아질 수 있다. 또한 탄소 포집 촉매와 탄소 간 상호작용 원리가 밝혀질 경우, 공기 필터를 통해 공기에서 직접 탄소를 포집하는 화학물질도 만들 수 있다.[7] 이처럼 양자컴퓨터는 태양 에너지, 탄소 포집 등 다양한 분야에서 기후 위기 대응과 산업 혁신을 동시에 이끌 수 있는 거대한 잠재력을 지니고 있다.

양자컴퓨터의 이런 놀라운 성능은 어디서 비롯되는 것일까? 그것은 바로 양자컴퓨터가 자연을 가장 자연 모습답게 '시뮬레이션'할 수 있기 때문이다. 20세기를 대표하는 천재 과학자 리처드 파인먼은 양자컴퓨터의 개념을 고안하며 아래와 같이 말한다.

"자연은 고전적이지 않아요, 젠장. 만약 당신이 자연을 시뮬레이션하고 싶다면 양자역학적으로 만드는 게 낫습니다. 정말 놀라운 문제입니다. 왜냐하면 그리 쉬워 보이지 않기 때문이에요."

컴퓨터는 기계의 편의상 정보를 이진수 0과 1로 변환한다. 그런데 과학자들이 자연을 관찰할 때 계산해야 하는 숫자의 단위는 최소 조 단위를 넘어간다. 성인이 된 인간의 세포 수만 해도 대략 30조 개다. 물론 기술이 발전해 슈퍼컴퓨터로도 조 단위 연산을 빠르게 할 수 있다. 하지만 0과 1로 일일이 변환해서 하나하나 모든 경우의 수를 계산하는 것은 현재 방식의 최선일 뿐이다. 즉, 자연이 작동하는 방식과 거리가 있으며, 비효율적이란 것이다. 그러나 양자 특성을 이용해 계산하는 양자컴퓨터는 촉매의 전자 거동, 분자 내 원자간 거리 등 자연의 모습을 정밀하게 시뮬레이션할 수 있다. 앞으로 살펴볼 양자 중첩과 양자 얽힘 같은 자연의 고유한 특성을 활용하면, 자연 현상을 더 자연스럽게 구현해볼 수 있는 것이다. 나아가 이런 방식은 기존 컴퓨터보다 훨씬 빠른 계산 속도를 가능하게 한다.

산업적으로 태동하기 시작한
양자 기술 산업

이런 양자컴퓨터의 가능성이 주목받으며, 2010년대 양자컴퓨터 개발 소식이 들리기 시작한다. 빅테크 기업부터 다양한 스타트업까지, 여러 기업이 저마다의 방식으로 양자컴퓨터를 개발했다는

소식을 알린다. 그뿐만 아니라, 세계적인 사모펀드까지 양자컴퓨터 산업의 성장성을 보고 관련 기업들에 대한 대규모 투자를 단행하고 있다. 2019년 구글의 양자컴퓨터 시카모어Sycamore는 슈퍼컴퓨터가 1만 년 걸리는 계산을 200초 만에 수행해 양자 우위를 입증했고, 구글은 그 결과를 《네이처》에 발표했다. 북미의 여러 양자컴퓨터 스타트업은 기술 가치를 인정받아 미국 주식 시장에 상장했고, 제품과 서비스 매출도 발생하고 있다. 개인 투자자들도 미래의 부를 선점하기 위해 이들 기업에 투자하고 있다. 중국은 전 세계에서 가장 활발한 국가 단위 양자 기술 투자와 연구를 진행하며, 여러 의미 있는 성과를 내고 있다. 물론 양자 기술은 아직 초기 단계에 머물러 있다. 앞으로 기술이 본격적으로 성장하고 성숙하기까지 넘어야 할 과제가 많다. 하지만 그 거대한 가능성과 시대적 의미를 떠올리면, 작은 변화조차도 충분히 큰 기대를 불러일으킨다.

새로운 인문·사회과학 이야기, 양자 담론

"대립적인 것은 상호보완적이다(CONTRARIA SUNT COMPLEMENTA)."
— 현대 물리학의 아버지, 닐스 보어^{Niels Bohr} —

현대 물리학의 아버지
닐스 보어

닐스 보어는 양자역학의 아버지라 불린다. 그는 현대 물리학 발전에 기여한 업적을 인정받아 1922년 노벨 물리학상을 수상한다. 덴마크 국민의 영웅이 된 닐스 보어는 1947년 왕족과 국가 원

[그림 1-1] 닐스 보어 가문 문장
출처: 위키미디어 커먼즈

수에게 수여되는 훈장(코끼리 훈장, Order of the Elephant)과 함께 덴마크 기사 작위를 받는다. 닐스 보어는 귀족 작위를 받을 때 입을 그의 예복에 가문의 문장紋章을 새긴다. 그가 직접 가문의 문장을 디자인했다. 그 문장에는 한국 사람이라면 너무나 친숙한 태극 문양이 새겨져 있다. 그리고 새겨진 태극 문양 위에 '대립적인 것은 상보적이다'라는 뜻의 라틴어 문구 'CONTRARIA SUNT COMPLEMENTA'가 쓰여 있다.

한국인을 포함한 동양인에게는 익숙한 태극 문양이다. 하지만 현대 물리학의 아버지라 불리는 닐스 보어가 직접 태극 문양을 가문 문장의 상징으로 선택했다는 것은 어딘가 낯설다. 고대부터 전해져온 동양 철학의 태극 문양과 근대 서양 과학은 언뜻 아무런 접점이 없어 보인다. 그렇다면 닐스 보어는 도대체 왜 태극 문양을 가문의 상징 문양으로 채택한 것일까?

양자의 발견으로 부서진
과학계의 믿음

과학사의 패러다임은 원자 단위 세계가 이해되기 시작한 것을 기점으로, 고전역학 시대와 양자역학 시대로 구분된다. 유럽에서 중세 시대가 끝나고 서양의 지성인들은 신의 관점이 아닌 인간의 이성을 통해서 세상을 탐구하기 시작한다. 자연을 관찰하고 이성을 통해 인식함으로써 자연에 대한 지식을 생성한다. 그리고 아이작 뉴턴은 자연의 변화를 합리적으로 관찰할 수 있는 미분 및 적분법을 발명한다. 자연을 원인과 결과, 즉 인과율로 관찰할 수 있게 한 뉴턴의 수학 논리는 과학 언어의 표준이 되어 고전역학 시대를 연다.

 더 나아가 그의 업적은 유럽의 사상계에도 영향을 미친다. 뉴턴에게 영감을 받은 칸트는, 과학적 인과율을 토대로 유럽 근대 사상 체계의 표준을 완성했다. 근대 유럽인은 이성을 통해서 자연, 인간 그리고 사회의 모든 현상을 인과적으로 탐구하며 다양한 지식을 생산한다. 그 결과 유럽에는 과학과 기술이 융합된 산업혁명과 생산한 자원을 효율적으로 관리하는 자본주의가 탄생한다. 고전역학은 유럽 근대 사유의 틀로 자리 잡았다. 당시 유럽의 지성인들은, 라플라스의 괴물이 보여주듯, 물질의 가장 작은 단위인 입자의 상태마저 알 수 있다면 미래를 완벽히 예측할 수 있다고 확신하기까지 했다.

이후 물질을 이루는 가장 작은 입자들의 세계, 양자 세계가 발견된다. 그러나 양자 세계가 밝혀진 뒤, 세상의 진리에 더 가까워질 것이란 믿음은 산산이 부서졌다. 양자의 특성이 반복된 실험으로 증명되었음에도, 당시 서구 과학계는 그 움직임을 그대로 받아들이기 어려워했다. 그 이유는 양자의 움직임은 고전역학 세계관과는 전혀 다른 모습을 하고 있었기 때문이다. 양자의 모습을 있는 그대로 인정하는 것은 곧 오랫동안 옳다고 믿어온 세계관이 무너지는 패러다임의 전환을 의미했다.

새롭게 열린 양자역학의 시대

양자는 이중성과 불확정성 특징이 있다. 빛에도 가장 작은 물질 단위의 입자를 발견할 수 있는데 이를 광자^{光子}라 부른다. 상대성 이론으로 유명한 아인슈타인은 1905년에 '광전효과'에 관한 논문을 통해서 빛이 입자임을 증명하여 1921년에 노벨 물리학상을 수상한다. 빛이 입자의 특성이 있다고 증명되기 전까지 과학자들은 빛은 파동이라고 믿었다. 그렇다면 빛이 입자임이 증명되었기에 파동이라는 사실은 거짓이 되었는가? 아니다, 빛은 여전히 파동이다. 그리고 입자다. 바로 이 지점에서부터 기존 세계관과 충돌이 시작된다. 서양의 기존 논리 세계에서는 대립하는 두 명제는 하나가 참이면 다른 하나는 거짓이다. 한 명제가 참이면서 다른 하나가 동시에 참인 이율배반적 상황은 성립될 수 없다. 즉, 서양인의 논리 체계 내에서는 '빛은 파동이다' 혹은 '빛은 입자다'로만 인식될 수 있지 '빛은 입자이면서 동시에 파동이다'라 인식될 순 없는 일이다. 게다가 빛이 '파동이면서 입자'인 이중성인 모습도 받아들이기 어려운데 '광자'의 움직임은 인과율적으로 예측할 수 없고 오로지 '확률적'으로 '불확실'하게 예측된다고 한다. 이러한 특성들은 빛의 최소 물질 단위인 광자뿐만 아니라 물질을 이루는 모든 기본 입자에서도 보인다. 그리고 이런 특성이 자연 미시 세계에서 명확히 보이는 과학적 진리라는 것이다.

이러한 양자의 모습은 근대에 전부라고 생각했던 고전역학 세계관과 정면으로 충돌한다. 이런 세계관의 충돌은 당시 서양의 천재들을 격렬한 토론의 장으로 불러들인다. 하지만 논쟁이 격화될수록 양자를 더욱 명확하게 설명할 수 있는 논리 체계가 형성되며 양자를 그 자체로서 인정할 수밖에 없게 된다. 그리하여 20세기 초 양자역학의 시대가 열린다.

양자역학 패러다임을 수립한 코펜하겐 학파와 이를 인정하지 못한 아인슈타인

코펜하겐 학파는 보어를 중심으로 고전역학 논리에 맞춰서 양자 세계를 해석하지 않고, 양자의 모습 그 자체를 인정하고 해석할 수 있는 논리를 만든다. 반대로 코펜하겐 학파의 양자 세계 해석에 철저하게 대립각을 세우며 그 해석을 인정하지 못했던 인물은 바로 아인슈타인이다. 아인슈타인 등 반대자들과 격렬히 논쟁을 벌인 보어의 코펜하겐 학파는 결국 양자역학이라는 새로운 패러다임을 세웠다. 하지만 그랬던 그들조차도, 오랫동안 진리로 믿어온 고전역학에서 벗어나는 일은 결단코 유쾌하지만은 않았을 것이다. 한 시대의 패러다임에 벗어나는 새로운 사실을 이야기한다는 것, 새로운 세계관에 맞춰 삶의 양식을 바꿔 살아간다는 것은 생각만큼 쉬운 일은 아니기 때문이다. 일례로, 중세의 신 중심 질서에서 벗어나 자유를 얻은 근대인들에게 그 자유는 오히려 낯설고 불안한 것이었다. 그래서 니체는 '신의 죽음' 이후의 허무주의를 받아들이고, 이를 극복해 새로운 가치를 창조하는 '철인'이

되어야 한다고 역설했다. 그와 비슷하게, 근대시대 고전역학 패러다임에 벗어나 양자역학 체계를 만든 당시 양자물리학자들 역시도 허탈감을 느끼며 사상적 고민을 했다.⁸ 특히 보어는 다른 현대 물리학자들보다 양자역학의 철학적 측면에 더 큰 관심을 가졌다고 한다. 나아가 양자역학 관점을 심리학, 생물학 그리고 사회학에도 적용하고자 했다.⁹

태극 문양을 만난 닐스 보어와
그의 선택

양자역학의 철학적 논의에 관심을 가진 보어는 뒤이어 동양사상에 깊은 관심을 가지게 된다. 1937년 그는 현대 물리학을 강의하기 위해 중국에 간다. 그는 중국의 물리학자와 철학자들과 여러 차례 논의를 나누는 과정에서 태극 문양을 접했던 것 같다.● 그

● 보통 언론 기사, 일반인 블로그 콘텐츠, 전문가 칼럼 등에서 닐스 보어가 태극 문양을 접했던 경로에 대해 1937년 중국 방문할 때를 이야기한다. 하지만 국내외 공식적인 문서, 논문, 혹은 책 등의 자료를 통해서 관련된 내용을 정확히 확인하기 어렵다. 보어가 기독교를 동양사상(노자, 공자 등)의 관점에서 다룬 덴마크 에른스트 몰러Ernst Møller의 《고대의 스승Oldmester》(1909) 책과 1937년 일본과 중국 방문 등을 통해서 동양사상을 접했다는 이야기가 주로 회자된다. 동양사상에 관한 관심의 시작과 태극 문양을 접한 시점은 정확히 알 수는 없지만, 그가 젊은 시절부터 일찍이 동양사상에 깊은 관심을 둔 것은 확실해 보인다.

리고 그가 처음 태극 문양을 접했을 때 감탄했다고 한다. 서양에서는 대립하는 두 성질이 공존할 수 있다는 언어와 개념이 없었지만, 동양에는 존재했다. 보어는 양자의 가장 기본적인 특성인 이중성을 상보성이라 정의하는데, 양자의 상보성이란 대립하는 성질이 두 개가 공존할 수 있음을 의미한다. 보어는 서양 사람들이 양자를 받아들이기 어려워하는 이유는 대립하는 두 가지 성질이 공존할 수 있다는 개념이 없기 때문이라 생각했다.[10] 하지만 태극 문양에는 한 번은 양(+)의 운동을 하고, 그다음은 음(-)의 운동을 하며, 음과 양이 서로 대립하면서도 동시에 공존하고 순환하는 동양의 우주 원리가 담겨 있었다. 보어는 이 태극 문양에서 양자 물리 세계를 사유할 수 있는 하나의 틀을 발견한 것이다.

그렇다면 "닐스 보어는 도대체 왜 태극 문양을 가문의 상징으로 채택한 것일까?" 이 질문으로 다시 돌아와 보자. 보어 입장에서 태극 문양은 서양 사람들에 양자를 설명할 수 있는 소중한 설명 도구였을 것이다.[11] 더 나아가 양자역학을 뒷받침할 수 있는 사상을 고민하던 보어 입장에서 새로운 사상적 비전이었는지도 모른다. 보어는 인생의 가장 영예로운 순간에 태극 문양을 가문의 상징으로 직접 채택했다. 이 사실은 그가 고전역학의 패러다임에서 벗어난 뒤, 새로운 대안을 얼마나 깊이 고민했는지를 보여준다. 또한 그 사상적 공백을 메워준 동양사상과의 만남이 그에게 얼마나 소중했을지 짐작하게 한다.

양자역학의 세계관을 차용한
새로운 시도들(양자 사회 담론)

———

보어는 양자역학과 동양 철학을 연결했다. 현대 물리학 아버지라 불리는 그로부터 양자역학 패러다임이 다른 분야와 연결된 최초의 통섭이 일어났다. 양자역학 세계관이 다른 분야에 차용될 수 있는 계기가 마련됐다고도 볼 수 있다. 그리고 그가 바란 대로 여러 분야에서 양자역학 세계관을 차용한 새로운 담론이 생성되고 있다.

가장 대표적으로 유럽의 현대물리학자 프리초프 카프라는 1975년 책《현대 물리학과 동양사상The Tao of Physics》을 통해서 현대 물리학과 동양사상 간 유사성을 밝힌다. 그는 직접 불교, 힌두교, 도교 등 동양 철학 사상을 공부하며 현대 물리학과 동양사상 간 공통점을 설명했다. 또한 직관적이고 주관적인 동양사상과 추론적이고 객관적인 서양 과학적 세계관이 서로 융합될 때, 근대 이성주의를 넘어서는 종합적인 사유의 틀이 탄생할 수 있음을 주장했다.

이 책은 현대 물리학과 동양사상을 억지로 접목한다는 비판도 받았지만, 세계적인 베스트셀러가 되며 전 세계 사람들로부터 큰 반향을 일으킨다. 당시에는 근대 이성에 대한 한계와 그에 대한 반발로 탄생한 포스트모더니즘이 유행했다. 이런 분위기 속에서 전 세계 많은 대중이 그의 책을 주목했는지도 모르겠다. 포스트모더니즘의 유행과 카프라의 영향이 맞물리면서, 서구 사회에서는 동양사상을 새로운 사회·문화적 가치로 받아들이는 움직임이 나타났다. 예를 들어, '자연과 인간의 일체성'이나 '음양의 조화' 같은 동양 철학적 개념들은 서구 사회에서 '자연 생태계 보전', '남녀평등'과 같은 가치관으로 새롭게 재해석되고 재탄생했다. 나아가 녹색정치와 같은 집단적 실천으로도 확산하였다. 이처럼 현대 과학과 동양 철학의 통섭을 통해 새로운 가치관과 담론이 탄생했다.

이런 통섭은 온전한 과학으로 인정받기를 원하는 사회과학 분야에서도 일어난다. 세계적인 국제정치학자 알렉산더 웬트$^{Alexander\ Wendt}$ 오하이오주립대학교 교수는 2015년 《양자 마음과 의식 그리고 사회과학$^{Quantum\ mind\ and\ social\ science;\ unifying\ physical\ and\ social\ ontology}$》을 세상에 내놓는다. 경제학, 정치학, 사회학 등으로 대표되는 사회과학 학문은 '사회'라는 단어와 '과학'이라는 단어가 합쳐진 용어다. 여기서 '과학'은 고전역학 세계관을 따른다. 즉, 사회과학은 사회 현상의 인과성을 고전물리학처럼 객관적이고 합리적으로 규명하려는 학문이다. 고전물리학이 산업혁명을 일으켜 인간 사회를 윤택하게 한 것과 같이, 사회과학 역시도 사회가 효율적으로 경영될 수 있도록 이바지했다. 하지만 사회과학에서도 문제는 물리학의 양자와 같이 사회를 구성하는 최소 단위인 인간을 관찰할 때 '과학적 딜레마'에 직면한다.

그 이유는 바로 사회의 최소 단위인 인간의 행동, 그 행동에 영향을 미치는 요인이 물질적이지만은 않다는 것이다. 사회과학은 기본적으로 인간의 합리성을 가정한다. 인간은 합리적이기 때문에 자신의 이해관계에 부합하는 선택을 한다. 그렇기에 사회과학은 기본적으로 인간의 행동 요인이 지리적 환경이나 자원의 위치와 양 같은 외부의 물질적, 즉 인센티브 구조에 의해 결정된다고 본다. 그래서 사회과학자들은 마음과 정신 등 내적 요소의 중요성을 알면서도, 학문 체계 안에서는 이를 애써 외면한다. 그리고 계량경제학의 영향력이 인문·사회과학 전반으로 확산하면서, 사회과학의 이런 성향은 더욱 뚜렷해졌다. 이러한 계량적 접근은 지금 'AI의 시대'라 불리는 오늘날에도 더욱 두드러지고 있다.

그런데 알렉산더 웬트는 이런 사회과학의 흐름에 역행하며, 그 근본적인 전제부터 다시 생각해 보자고 한다. 그는 기존의 사회과학이 인간의 의식과 주관성을 충분히 설명하지 못했다고 비판한다. 특히 기계론적 세계관이 인간의 의식과 존재를 설명하지 못한다고 지적한다. 웬트는 인간의 의식은 단순한 물질적 반응이 아닌, 양자역학적 현상임을 전제한다. 그렇기에 인간이 모여 구성하는 사회를 연구하는 사회과학도 양자역학의 개념으로 사회를 새롭게 조명할 필요가 있다고 담대하게 역설한다.

과학과 사회과학의 두 거장을 통해, 동양 종교와 사회과학이 양자역학과 만난 새로운 담론을 소개했다. 하지만 이외에도 다양한 분야의 전문가들이 양자역학과의 접점을 통해 새로운 담론을 형성하고 있다. 물론 주의할 점은 여기서 이야기하는 새로운 담론은 '과학적 진리'와는 다른 별개의 영역이며, 어디까지나 인간이 살아가는 데 도움이 되는 '그럴듯한 이야기'•, 혹은 '철학적 생각의 틀'로써 가치가 있음을 분명히 해둔다.

지금까지 양자역학이 과학 기술뿐 아니라 인간의 사유 방식에도 영향을 줄 수 있음을 간략히 살펴봤다. 그렇다면 양자역학의 등장이 왜 새로운 담론 생산을 가능하게 하는가? 또한 여러 전문가는 왜 양자역학을 차용한 새로운 담론을 생성하고 대중들은 그에 호응하는 것일까?

인간 사유의 힘, '종교 - 철학 - 과학' 그리고 그들의 유기체 같은 관계

인간의 세계관을 구성하는 본질적인 세 가지 힘은 '종교', '철학', '과학'이다. 종교는 예수, 석가, 공자, 노자 등 성인들의 가르침과

• 유시민의 《문과 남자의 과학 공부》(돌베개, 2023)의 〈양자역학, 불교, 유물변증법〉 편에서 그가 사용한 '그럴듯한 이야기' 표현을 빌렸다.

영성 관점에서 세상을 바라보는 힘이다. 과학은 실험과 입증을 통해 물질의 모습과 변화 원리를 객관적으로 바라보는 힘이며, 철학은 종교와 과학이 미처 다루지 못한 인간의 여러 문제를 사유하는 힘이다. '종교-철학-과학'은 하나의 유기체처럼 서로 영향을 주고받아 왔다. 이 상호작용은 여러 시대의 사조를 만들고 변화시키며, 그 시대 사람들 생각의 바탕이 되었다. 물론 이 세 가지 개념이 언어화되어 엄밀하게 구분된 건 그리 오래된 일은 아니다.

편의상 유럽의 사조를 중심으로 이야기해 보자면, 중세 이전에는 샤먼의 영성과 철학자의 사유를 통해서 세계관이 형성됐다. 실제로 피타고라스 정리로 유명한 피타고라스는 그리스 사모스 섬의 샤먼이자 철학자였고 수학자였다. 이후 유럽 중세 시대에 기독교는 철학과 과학을 신학의 시녀로 만들었다. 흑사병으로 유럽의 중세가 문을 내리며 인간의 시선은 이제 하늘의 천상 세계에서 땅 아래의 자연으로 내려왔다. 그리고 자연을 관찰함으로써 보편적인 규칙을 찾는 경험주의 철학이 등장한다. 경험주의 철학은 근대의 과학이 탄생하는 데 철학적 바탕이 되었다. 이어서 뉴턴의 과학이 탄생하고, 과학의 객관적 인과 법칙에 영감을 받은 칸트는 유럽의 경험론과 합리론을 통합하여 유럽 근대 사상의 완성을 이룬다. 이후 과학이 이룬 압도적인 물질적 번영 앞에서, 철학과 종교는 과학을 동경하며 그 방식을 따르려 했다.

이 설명은 서양 철학 사조를 중심으로 큰 흐름을 간략히 요약한 것이다. 다소 비약이 있을 수 있지만, '종교-철학-과학'이 서로 영향을 주고받으며 사조를 형성해 왔다는 점을 보여주려 했다. 이러한 유기체 같은 관계가 있었기에, 양자역학의 세계관을 차용한 새로운 담론이 사회과학과 종교 분야에서도 등장할 수 있는 것이다. 또 여러 전문가가 양자역학을 바탕으로 새로운 담론을 만들고 제시하는 데에는 공통된 문제의식이 있기 때문이다. 바로 '이성의 한계'에 대한 인식이다. 물론 이 문제의식에는 다양한 논점이 담겨 있지만, 핵심은 이성만으로는 점증하는 인간 사회의 문제를 해결하기 어렵다는 점이다.

양자 사회 담론의 문제의식과 새로운 가능성

인간의 이성은 인류가 물질적 번영을 이루는 데 크게 이바지했다. 이러한 근대적 합리성은 우리가 더 나은 미래로 나아갈 수 있다는 낙관적 전망을 만들어냈다. 하지만 그 반대급부도 분명했다. 기계적·결정론적 세계관 안에서 자연과 인간을 바라보게 된 것이다. 이 관점은 마음과 자유의지를 무시하며, 인간을 단순한 부품으로 취급했다. 동시에 자연을 단순한 자원으로만 바라보는 태도가 퍼지면서 생태계 파괴도 가속화됐다. 인간이 사는 공간과 인간 자신에 대한 부정이 일어난 것이다. 두 차례의 세계대전을 비롯해 여러 부정적 결과들이 이어지면서, 사람들은 결국 이성이 가진 한계를 자각하게 되었다.[12]

물론 이성의 한계를 극복하기 위한 노력이 없었던 것은 아니다. 포스트모더니즘은 이성을 해체함으로써, 그 한계를 극복하고자 했다. 그 덕분에 미술 등 예술 분야에서 인간의 심미성을 충족하는 다양한 창작물이 등장했다. 하지만 인식할 수 있는 원본은 철저히 해체되었고, '인간이 추구해야 하는 본질이 무엇인가?'라는 의문은 여전히 해소되지 않았다. 또 어떤 이는 문제는 이성이 아니라 그것을 쓰는 사람에 있다고 지적한다. 그렇기에 이성의 합리성을 부인하고 버려선 안 된다고 한다.[13] 그렇다. 양자역학 세계가 밝혀졌다고 해서 고전역학 세계가 무의미해진 것이 아니듯, 양자 사회 담론을 이야기하는 이들 또한 이성의 가치를 부정하지 않는다. 다만 고전역학이 과학의 전부가 아니듯, 양자역학 세계관으로 이성이 설명하지 못하는 새로운 사유의 틀을 만들고, 거기서 새로운 가능성을 찾고자 했다.

현대 물리학은 자신을 위한
새로운 데카르트와 칸트를 찾는다

앞으로 양자컴퓨터 같은 양자 기술이 실용화되면, 그 성과와 사회적 파급력에 관한 관심이 높아질 것이다. 이러한 관심이 인문·사회 분야로 확산한다면, 양자 사회 담론도 더 다양하게 전개될 수 있을 것이다. 양자 기술의 발전과 함께, 이를 둘러싼 새로운 사회 담론과 사상적 비전이 어떻게 전개될지도 흥미로운 관전 포인트일지도 모른다.

범양사 창업주이자 《현대 물리학과 동양사상》의 번역자 이성범의 표현을 빌려, 마무리해 본다.

"고전물리학이 데카르트나 칸트를 가진 것과 같이, 현대 물리학은 여전히 자신만을 위한 새로운 데카르트나 칸트를 찾고 있는지도 모른다."

양자역학, 선택이 아닌 필수가 된 시대

"인류 문명은 0.1%의 창의적인 사람과 0.9%의 안목 있는 사람,
즉 1%의 통찰력 있는 이들이 이끌어왔다."

—《엔트로피Entropy》, 제러미 리프킨Jeremy Rifkin —

20세기 이후, 양자 세계의 발견이 이루어졌다. 수학에서는 괴델의 불완전성 정리가, 철학에서는 파이어아벤트의 인식론적 무정부주의가 등장했다. 이성의 합리성이 더는 절대적이지 않다는 시각이 제기된다.[14] 또한 이성과 합리성이 언제나 사회를 더 나은 방향으로 이끄는 것은 아니라는 회의도 일었다. 세계의 문제는 여전히 산적해 있으며, 오늘날 우리는 에너지 및 기후 위기마저

겪고 있다. 이런 시대를 불안정성Volatility, 불확실성Uncertainty, 복잡성Complexity, 모호성Ambiguity의 영어 앞 글자를 따 'VUCA'라 한다.

지금 우리는 이를 헤쳐나갈 분명한 비전과 리더십 없이, 더욱 불확실한VUCA 세상에 놓여 있는지도 모른다. 하지만 과학·기술 분야에서 양자컴퓨터를 비롯한 양자 기술이 하나의 희망이 될 수 있다고 생각한다. 양자 기술에는 시대의 필요성, 시대성이 존재한다. 기존 컴퓨터 연산 기술의 한계가 다가온 이때 양자컴퓨팅 기술은 다음 시대 기술의 패러다임이 될 것이다. 그리고 인공지능이 상징하는 4차 산업혁명은 양자컴퓨팅 기술이 더해질 때 완성된다. 동시에 종잡을 수 없는 기후 위기를 맞이한 인류에게 양자 기술은 위기를 극복할 수 있는 유일한 기술적 대안일지도 모른다. 반면 상용화된 양자 기술 확보는 국가 간 역량 차이를 발생시켜, 국가 간 경쟁 관계에도 영향을 줄 수 있다. 가까운 예로 중국의 양자 기술 발전은 현재 기술 패권 경쟁을 하는 미·중 관계의 국면 전환 요소가 될 수 있다. 이처럼 인간의 양자 기술 활용에는 희망과 위기가 상보적으로 존재한다.

양자 기술이 정확히 언제 실현화될 수 있을지 모른다. 하지만 양자 기술 시대의 도래는 앞으로 올 것이고 꼭 와야 하는 미래다. 이런 거대한 변화 앞에서 한 개인이 할 수 있는 일은 어쩌면 매우 제한적일지도 모른다. 혹 누군가는 양자 기술의 가치를 미리 알아보고 관련 회사에 투자함으로써 부를 얻을 수도 있다. 하지만 그런 운은 모두에게 주어질 수 없다. 양자 기술이 몰고 올 변화 속에서 한 개개인의 준비와 역할을 논하는 것이 다소 현실성이 없을지도 모른다. 다만, 다가올 변화를 알아볼 수 있는 안목을 키운다고 해서 손해 볼 건 없다.

미래학자 제러미 리프킨은 《엔트로피》에서, 세상의 변화는 0.1%의 창의적인 사람과 그 가치를 미리 알아보는 0.9%의 안목 있는 사람이 함께할 때 일어난다고 했다. 양자 기술 시대도 다르지 않다. 반드시 물리학자나 엔지니어여야 하는 것은 아니다. 그 가치를 알아볼 수 있는 안목이 있는 교양인이라면, 양자 시대를 함께할 기회를 분명히 가질 수 있다고 생각한다.

전문화가 곧 돈이 되는 요즘 시대에 '교양'이라는 단어는 '기초'라는 의미와 연결되며 다소 가볍게 느껴진다. 하지만 교양은 자유의 기술Liberal arts이다. 교양은 자유롭게 여러 영역을 아우를 수 있는 통섭과 통찰의 바탕이 된다.[15] 교양은 새로운 가치를 알아볼 수 있게 하는 안목을 갖추게 해준다. 이제부터 양자역학과 양자컴퓨터가 무엇이며, 왜 지금 필요하고 앞으로 어떤 변화를 가져올지 본격적으로 알아보자.

II

빛과 물질의 이중생활:
양자역학의 수수께끼

상식을 뒤엎는
미시 세계의 반란

양자역학은 원자의 운동을 설명한다. 원자는 물질을 구성하는 기본 단위로 원자핵과 전자로 구성된다. 원자 중심에는 양(+)전하를 띠고 있는 원자핵이 위치하며, 그 주위에는 음(-)전하를 띠고 있는 전자가 원자핵 주변에서 운동한다. 원자핵은 양(+)전하를 띠는 양성자와 전하를 띠지 않는 중성자가 강력이라는 힘으로 뭉쳐져 그 구성을 이루고 있다.[16]

참고로 여기서 전하란 간단하게 전기적인 성질을 의미한다. 전하라는 단어를 처음 접하면 그 모습과 의미가 굉장히 추상적이다. 전하電荷의 한자는 번개 전電자와 짊어질 하荷자로 단어가 구성된다. 전하의 사전적 정의는 정전기의 양이라 하는데, 정전기란 정지상태의 전기Static electricity라는 뜻이다. 내용을 종합해 전하의 모습을 그려보자면 물질에 전기가 정지한 상태로 양(+) 혹은 음(-) 성질을 두르고 있는 모습 같다.

이어서 원자 중 가장 작은 동시에 가장 단순한 구조를 지닌 수소 원자를 통해서 원자의 모습을 살펴보자. 수소 원자의 크기는 지름 약 10^{-10}m이고, 그 무게는 1.67×10^{-24}g으로, 그 모습을 인간의 인식 영역에서는 체감하기 어렵다. 그렇기에 보통 원자가 얼마나 작고 가벼운지 설명할 때, 인간이 인식 가능한 영역 내 주변 사물의 크기와 질량의 비율로 그 모습을 체감하게 해준다.

수소 원자가 1억 개를 나란히 놓으면 약 1cm가 된다고 하며, 수소 원자 6×10^{23}개를 모으면 대략 1g의 무게가 된다고 한다.[17] 수소 원자가 얼마나 작고 가벼운지 인식할 수 있도록 설명해 주지만, 1억 그리고 0을 스물세 번 나열한 그 숫자 역시 보통 사람의 직관으로 체감하기엔 여전히 큰 수다. 여하튼 원자의 크기는 너무나 작고 매우 가볍다는 의미다.

그 작은 수소 원자는 양성자 하나와 전자 하나를 가진 단순한 모습을 가지고 있다. 양성자의 크기는 약 10^{-15}m이며, 원자 질량의 99.9%를 차지한다. 여러 과학 전문가는 역시나 원자핵과 원자의 크기를 일반인들이 체감할 수 있도록 주변 여러 가지 사물의 크기를 비율로 비교해서 설명해 준다. 누군가는 잠실 야구 경기장 크기가 원자의 크기라면, 야구장 내 투수가 공을 던지는 투수

판 위 개미가 원자핵의 크기라고 빗대기도 하고, 또 누군가는 서울 시청 광장 정 가운데에 농구공 크기가 원자핵이라면, 시청 광장 중심의 반경 10km가 원자의 크기라고 설명한다.

그렇다면 전자의 모습은 어떻게 생겼을까? 전자는 크기가 없을 정도로 작고 가볍다. 형용하기 어려울 정도로 작은 전자도 질량은 가지고 있는데, 원자핵 양성자 질량의 약 1837분의 1 수준으로 매우 미미한 무게다. 전자의 크기가 없을 정도로 작고 무게는 가볍다는 것을 기억해 두자.

크기가 없을 정도로 작고 가벼운 전자는 원자의 외곽을 돌아다니며 움직인다. 전자는 아주 작은 크기로 서울 시청 밖 반경 10km를 돌아다니거나 혹은 잠실야구장 관중석 끄트머리에서 움직이고 있다. 원자 세계에서 질량의 99.9%를 차지하는 원자핵은 그 중심에서 움직이지 않고, 전자만이 움직인다. 그렇기에 원자의 변화는 전자의 변화와 관련이 있다.

이처럼 양자역학은 전자와 같은 극미한 미시 세계 물질의 운동을 설명한다. 앞서 1장에서 언급한 것과 같이, 물리학은 고전역학과 양자역학 두 가지 패러다임이 존재한다. 그리고 이 두 패러다임은 자연을 두 층위의 질서로 다르게 바라본다.

지구 위 돌덩어리 같은 거시 세계 물체들은 고전역학으로 그 운동을 설명할 수 있다. 고전역학 운동 법칙은 돌덩어리 같은 물체가 이동한 거리와 이동에 걸린 시간, 그리고 그에 따른 속도 변화를 측정하는 데서부터 시작한다. 물체의 속도 변화 측정을 시작으로 힘Force, 운동량Momentum, 일Work, 일률Power, 에너지Energy와 같은 물리량을 측정하는데, 즉 '속도=거리÷시간'의 관계 속에서 물리량 측정이 이뤄진다.

하지만 원자 단위의 미시 세계에서는 '속도=거리÷시간'의 관계로 미시 세계 물질이 운동하는 물리량을 알 수 없다. 과학자들이 전자의 위치를 확인하면, 전자의 속도를 측정할 수 없다. 반대로 전자의 속도를 확인하게 되면, 전자의 위치를 파악할 수 없다. 그리하여 고전물리학 법칙으로 설명할 수 없는 미시 세계의 물질 운동을 설명하기 위해서 양자역학이 등장한다. 과학 세계의 새로운 패러다임이 생긴 것이다.

이제 크기에 따라 세계 층위를 구분해 보자. 우리가 일상에서 보는 사람이나 사물은 보통 수십 센티미터에서 수 미터 크기를 가진다. 생명체의 경우, 그 아래에는 세포가 있고, 세포는 단백질이나 디엔에이DNA 같은 분자로 이루어져 있다. 분자는 다시 원자로 구성된다. 무생물도 마찬가지다. 돌이나 금속처럼 보이는 물질들도 결국 분자나 원자로 이루어져 있다. 이처럼 눈앞의 세계를 구성하는 구조를 따라 점점 더 작은 단위로 내려가다 보면, 우리는 원자 단위의 미시 세계에 이르게 된다.

이처럼 미시 세계와 거시 세계가 구분되어 보이고 운동 모습이 다르다면, "정확히 어떤 경계를 기준으로 두 세계가 구분되는가?"라는 질문을 할 수 있다. 하지만 우리는 아직 어느 정도 크기에서 물리 운동 법칙이 달라지는지 모른다. 오스트리아 빈대학 안톤 차일링거 교수의 연구팀 등 여러 연구 집단이 진공 환경에서 분자의 크기를 키워가면서 그 경계를 확인하고 있다.[18]

이어서 우리는 또 다른 질문을 생각할 수 있다. "왜 이 미시 세계와 거시 세계의 물질 운동이 달라지는 것인가?" 그 역시 우리는 아직 정확히 모른다. 단지 우리는 거시 세계와는 다른 미시 세계의 물질 운동을 관찰하고, 그 현상 자체를 받아들이며 해석할 뿐이다. 그 해석 중 20세기 초 덴마크 코펜하겐대학교 연구소의 연구자들 중심으로 수립한 코펜하겐 해석이 양자역학 세계의 패러다임으로 자리 잡고 있다.

과학 세계에서 패러다임 전환이 일어나는 여러 역사적인 순간들이 존재한다. 그중 오늘날 과학 문명의 토대를 이루는 세 가지 과학 패러다임 전환의 순간을 꼽는다면, 바로 뉴턴의 고전역학, 아인슈타인의 상대성 이론, 코펜하겐 해석의 양자역학을 이야기할 수 있다. 그런데 여기서 양자역학 패러다임의 특징이 보인다. 고전역학과 상대성 이론에 관해서 이야기할 때는 뉴턴 그리고 아인슈타인이라는 특정한 인물이 함께 지칭되지만, 양자역학의 경우 특정인이 아닌 특정 학파와 함께 언급되곤 한다. 그렇다. 양자역학 이전까지는 과학 패러다임의 전환은 갈릴레이, 뉴턴, 아인슈타인과 같은 당대 최고의 천재들에 의해서 이뤄졌다면, 양자역학의 경우 한 명이 아닌 여러 명의 천재에 의해서 일어났다.

또 양자역학 패러다임 전환이 가지는 다른 특징 하나는 뉴턴 역학의 시작, 상대성 이론의 수립 때와 달리 그 어느 때보다 패러다임 전환에 대한 저항과 논란이 컸다. 물론 세상이 변하는 변곡점, 패러다임이 전환되는 순간에는 항시 저항과 논란이 존재한다. 하지만 양자역학 패러다임에 대한 기존 과학 세계관의 저항과 논란이 유독 컸던 이유는 아인슈타인 때까지 인과율적으로 바라보던 세계를 확률적으로 관찰해야 한다는 주장 때문이다.

아인슈타인의 상대성 이론이 뉴턴 고전역학을 뒤이은 패러다임의 전환이라 불리지만 한편으론 뉴턴 역학의 한계점을 보완해서 그 세계관을 완성했다고도 볼 수 있다. 지구상에서 인간이 인식할 수 있는 시간의 흐름과 공간의 크기는 상대적이지 않고 동일하다. 어떤 특정한 조건에 의해서 지구상에서 인간이 인식하는 시간이 흐름이 느려지거나 혹은 공간의 크기가 줄어들거나 하지 않다는 뜻이다.

하지만 시간과 공간의 개념은 지구를 넘어 우주로 갔을 때 상대적인 개념으로 전환된다. 그렇다면 우주 속 어떤 조건에 의해서 시간과 공간의 개념이 상대화되는가? 아인슈타인에 따르면 우주 속에서 물체가 얼마만큼 빛의 속도에 가깝게 움직이느냐, 우주에 질량을 가진 물체의 중력의 크기가 어느 정도냐에 따라 시간은 느리게 흐를 수도 있고, 공간이 줄어들 수도 있다. 빛의 속도 관점에서 시공간의 관계를 설명한 것이 특수 상대성 이론이고, 질량을 가진 물체 중력 관점에서 시공간의 관계를 설명한 것이 일반 상대성 이론이다. 더 나아가 아인슈타인은 특수 상대성 이론을 통해서 고전역학 세계에서 불변의 개념으로 인식되었던 물체의 질량 개념 또한 바꾸는데, 그 결과 세상에서 가장 유명한 공식이라고도 할 수 있는 $E=mc^2$을 도출한다.

아인슈타인은 고전역학이 전제하던 절대적인 시간, 공간, 그리고 질량의 개념을 새롭게 정의했다. 하지만 그는 고전역학을 부정하지 않았다. 오히려 그 한계를 보완해, 고전역학의 설명 범위를 지구를 넘어 우주까지 확장했다고 볼 수 있다.

20세기 초 양자역학 역사가 시작되면서 인과율만이 과학 세계의 유일한 관점이 아님을 세상 사람들이 깨닫기 시작한다. 패러다임 전환이 시작된 것이다. 그리고 이번 패러다임 전환은 뉴턴, 아인슈타인과 같은 단 한 명의 천재에 의해서 시작된 것이 아니다. 20세기 초 20~30대의 젊은 과학자 집단에 의해서 시작되고 완성된다. 그들은 미시 세계 물리법칙은 인과율이 아닌 확률적으로 이해할 수밖에 없다고 주장한다. 그리고 이후 양자역학은 과학 세계의 새로운 패러다임으로 자리 잡는다.

항상 패러다임의 전환에는 저항과 논란이 있었지만, 좀처럼 흔들리지 않았던 인과율의 패러다임이 흔들리자 기존 과학 주류 세력들은 거센 저항과 응전을 한다. 그 응전의 중심에 있었던 사람은 바로 아인슈타인이었다.

참고로 아인슈타인이 특수 상대성 이론을 정립할 때는 스물여섯 살이었고 일반 상대성 이론을 정립할 때는 서른여섯 살이었다. 그가 과학계의 새로운 패러다임을 제시할 때 그는 젊은 세대 과학자였지만, 양자역학을 수립한 신진 과학자들의 도전에 대해서 격한 응전을 할 때는 50대, 나이가 든 기성세대 과학자였다는 점도 흥미로운 구도다. 역사상 가장 유명한 과학계 슈퍼스타 아인슈타인이 양자역학 수립 서사에서 일종의 악역(저항 세력)을 담당했기 때문에, 20세기 초 양자역학 서사에는 다채로운 이야기가 존재하는지도 모르겠다.

2장을 시작하면서 양자역학은 원자의 운동을 설명하는 과학 분야라고 이야기했다. 또한 양자역학이 설명하는 원자 세계의 모습을 아주 대략 그려보기도 했다. 이제 본격적으로, 아인슈타인과 신진 과학자들의 얽히고설킨 이야기 속 양자역학이 그려내는 원자와 전자의 모습을 살펴보자.

양자역학의
핵심은 무엇인가?

양자역학의 핵심은 '이중성'이다. 이는 (모든) 물질이 입자이면서 동시에 파동의 성질을 지닌다는 것이다. 우선 입자는 질량, 전하, 스핀처럼 물질이 지닌 고유한 물리적 성질을 가진 존재다. 반면 파동이라 하면 보통 바다의 물결, 소리처럼 퍼져 나가는 움직임을 떠올린다. 이들은 모두 시간에 따라 진동이 퍼지는 현상이며, 회절(구멍을 지나며 퍼짐)과 간섭(서로 겹쳐 무늬를 만드는 현상)이라는 공통된 성질을 갖는다.

하지만 양자역학에서 말하는 파동은 그런 물리적 진동이 아니다. 물론 전자는 실험에서 회절하고 간섭하는, 즉 파동의 전형적인 성질을 보이며 운동한다. 그러나 전자의 파동성은 실제로 무언가가 흔들리거나 진동하는 것이 아니라, 전자 같은 입자가 공간에 확률적으로 퍼져 있는 것처럼 운동 모습을 설명하기 위한 개념이다. 입자가 파동처럼 행동한다는 것, 이것이 바로 양자역학을 이해하는 데 있어 핵심적인 출발점이다.

이런 모순적인 물질의 모습, 이중성에 기반해서 나타나는 물리 현상을 이해하고 해석하는 것이 바로 양자역학이다. 다만 입자이면서 파동인 모습은 우리가 체감하는 일상의 세계, 거시 세계에서는 보이지 않는다. 입자가 파동처럼 움직이는 모습은 오직 원자 단위 미시 세계에서 명확히 보이는 현상이다. 그렇기에 우리는 거시 세계에 입자이면서 파동인 존재를 체감할 수 없다. 우리가 인지하기 어려운 세계이기에, 인간 언어 체계 안에서 그러한 개념을 담을 수 있는 표현도 없다. 이러한 이유로 양자역학의 아버지 닐스 보어는 물질의 이중성을 상보성이라 재정의하며, 이분법적으로 구분된 입자와 파동의 각 개념을 단절이 아닌 상보성이라는 하나의 언어 개념으로 연결하고자 했다.

여하튼 이러한 이유로 양자역학 그 내용을 이해하려고 할 때 인지적 충돌이 일어난다. 또 이 같은 이유에서 양자역학을 이해하기가 난해하다. 그러니, "어떻게 입자이면서 파동일 수 있는가?", "어떻게 이런 현상이 가능한 것인가?"라는 인지적 충돌이 일어날 수밖에 없다. "이해가 될 듯하면서도, 안되는가?" 하더라도 걱정하지 말자, 우리의 이러한 반응은 지극히 정상적인 반응이다.

양자역학 이중성의 역사는 빛의 이중성에서 시작한다. 사실 빛이 파동인지 입자인지에 대한 논쟁은 과학의 역사와 함께 시작된 오래된 문제다. 17세기 고전물리학을 세운 뉴턴은 빛이 입자라고 주장했고, 그의 명성 덕분에 당시에는 입자설이 주류였다. 그리고 19세기 후반 2차 산업혁명의 기반이 되는 전자기학 시대를 연 제임스 맥스웰은 빛이 파동이라 주장하여, 빛은 파동이라는 의견이 지배적이 된다. 그러다가 20세기 초 아인슈타인에 의해서 빛은 입자만이 아닌, 또 파동만이 아닌, 입자와 파동성을 모두 가지고 있는 이중성이 증명된다. 이때 빛의 파동성은 맥스웰이 밝힌 전자기파의 모습이고, 입자성은 아인슈타인이 제시한 '광자'라는 에너지 단위로 나타난다.

빛의 이중성이 밝혀진 이후, 전자의 이중성이 드 브로이에 의해서 밝혀진다. 전자는 입자다. 동시에 전자가 파동과 같이 움직인다는 것이다. 루이 드 브로이는 이렇게 생각했다. "빛이 입자처럼 행동한다면, 입자인 전자도 파동처럼 행동할 수 있지 않을까?" 그는 이 가설을 수식으로 정리했고, 이후 실험을 통해 전자의 파동성이 입증된다. 그리고 드 브로이의 공식은 전자에만 적용되는 것이 아니라, 모든 입자에 적용되는 물리법칙이다.

여기서 나 같은 문과생들은 이렇게 생각할 수 있다. 전자의 이중성을 어떻게 모든 입자 혹은 물질에 적용된다고 말할 수 있는 걸까? 모든 물질이 이중성을 가진다면, 내 몸도 지금 파동이라는 게 말이 되는가? 과학자들은 전자뿐 아니라 원자, 분자, 거대 분자에서도 파동 간섭 현상을 확인해냈다. 다만 우리 눈에 물질의 파동성이 보이지 않는 이유는, 질량이 커질수록 운동량이 커지고, 그러면 파장이 너무 짧아져서 측정이 어려워지기 때문이다. 즉, 파동성이 사라지는 것이 아니라, 너무 작아져서 드러나지 않을 뿐이라는 것이다. 드 브로이의 물질파 이론은 이렇게 전자에서 출발해, 결국 모든 물질에 적용되는 보편 원리로 받아들여지게 되었다.

이렇게 물질세계의 이중성이란 판이 깔리고, 양자역학은 이중성에서 비롯된 의문과 문제를 맞이한다.

"전자가 그리는 파동은 무엇인가?"

"전자는 관측 전까지 상태가 정해지지 않는다는데, 관측이란 도대체 무엇인가?"

"관측 전에는 왜 전자의 상태를 알 수 없고, 확률적으로만 접근 가능한가?"

"미시 세계에서 명확한 이중성은 도대체 왜 거시 세계에선 나타나지 않는 것인가?"

이러한 질문들을 풀어가는 과정에서, 자연스럽게 '중첩', '불확정성 원리', '확률적 접근' 등의 개념이 등장한다. 이 개념들을 중심으로 한 코펜하겐 학파 해석이 가장 모범적인 답으로 자리 잡게 되고, 양자역학의 기본 틀이 세워진다.

우리가 물질의 이중성을 먼저 짚고 간 이유는 분명하다. 앞으로 다룰 '중첩', '확률', '불확정성' 같은 개념들이 모두 이 이중성 위에서 출발하기 때문이다. 빛, 전자, 원자 등 입자가 파동처럼 행동한다는 사실을 기억하자.

물리학의 가장 작고 강력한 혁명 '양자', 무슨 뜻인가?

양자역학은 원자 세계 입자의 운동을 설명한다. 그렇다면 양자역학의 '양자'는 원자, 전자와 같은 작은 미시 세계 물질을 이야기하는 것일까? 양자역학이 원자 등 미시 세계 작은 입자에 대해 다루는 것은 맞지만, 양자가 곧 원자 등 물질을 지칭하진 않는다. 물론 일상의 언어로 양자역학, 양자에 관한 이야기를 할 때, 편의상 양자란 단어를 원자와 같은 작은 물질을 지칭하며 사용하기도 한다.

양자量子, Quantum의 한자와 영어는 모두 '수량Quantity'을 뜻하는데, 양자는 '양의 단위체', 즉 특정한 양을 단위화했음을 뜻한다.[19] 그렇다면 양자역학에서 무엇을 단위화했다는 것인가? 그것은 바로 미시 세계 물질이 가질 수 있는 에너지를 단위화했다는 것이다. 좀 더 구체적으로 에너지를 단위화했다는 의미는 원자가 가질 수 있는 에너지양이 특정한 단위의 양만 가질 수 있다는 것인데, 에너지 변화가 특정한 정수 배로, 불연속적으로 띄엄띄엄하다는 의미다.

에너지와 같은 비물질의 값이 연속적이지 않고 띄엄띄엄한 모습을 한다는 것은 상당히 어색하다. 예를 들어, 한 자동차가 운동 에너지를 가진다고 할 때, 운동 에너지는 질량과 속도의 곱으로 나타낸다. 자동차의 질량은 특정한 값으로 정해져 있고, 속도는 가속 페달 밟기에 따라 시속 10km에서부터 240km까지 연속적으로 변화하여 자동차의 운동 에너지의 값은 연속적이다. 하지만 미시 세계에서 가질 수 있는 속력의 값은, 예를 들어, 3km/h, 6km/h, 9km/h와 같이 3의 정수 배 값만 가질 수 있고, 3.1km/h, 5.3km/h와 같은 값은 허용되지 않는다는 것이다. 이때 자주 쓰이는 비유가 바로 '계단'이다. 고전역학의 세계가 경사면이라면, 양자역학의 세계는 계단이다. 중간에 멈추는 것은 불가능하며, 한 칸씩 올라가거나 내려와야 한다. 에너지는 그렇게 불연속적인 값만 가질 수 있다는 뜻이다.

이처럼 미시 세계 물질의 에너지가 '양자화'했다는 개념을 최초로 이야기한 사람은 바로 독일 물리학자 막스 플랑크다. 1900년 10월 독일물리학회에서 막스 플랑크는 흑체黑体, Blackbody가 방출하는 빛 에너지가 연속적인 값이 아닌, 불연속적인 에너지 단위로 나뉘어 있다고 제안했다.

당시 독일은 제철 산업이 활발했고, 고온의 쇳물 온도를 정확히 측정하는 것이 중요했다.[20] 숙련된 노동자들은 쇳물의 색을 통해 대략적인 온도를 판단했지만, 과학적으로 더 정밀한 측정이 필요했다. 그래서 과학자들은 물체 온도에 따라 어떤 빛이 나오는지를 설명하기 위해 '흑체'라는 개념을 도입했다. 흑체는 모든 파장의 빛을 완벽하게 흡수하고 다시 방출하는 이상적인 물체다. 단어와 그에 대한 설명이 꽤 추상적인데, 흑체는 현실에는 존재하지 않지만, 이론적으로 다루기 좋아 사용한다는 것이다.[21] 참고로 현실의 물질 중 흑체에 가장 가까운 존재는 다름 아닌 '태양'이라고 한다.

과학자들은 흑체를 통해서 온도의 변화에 따라 흑체가 어떤 빛을 방출하는지 실험을 통해 알아낸다. 하지만 실험을 통해서 온도와 빛의 변화 관계를 살펴볼 수 있었지만, 과학적으로 왜 그런 관계를 맺는지 이유를 설명할 수 없었다. 이를 이른바 흑체 복사 Blackbody Radiation 문제라 한다. 흑체 복사라는 용어는 직관적이지 않고 그 개념 또한 추상적이지만, 흑체 복사 문제를 요약해 보겠다.

모든 물체는 뜨거워지면 빛을 낸다. 가까운 예로, 숯불갈비 집에서 숯에 불을 피우면, 불에 달궈진 숯이 밝은 빨간색을 내다가, 주황색, 파란색을 거쳐 하얗게 색 변화를 이룬다. 그런데, 이때 물체에서 나오는 색은 사실 하나의 색만 방출되는 게 아니다. 우리 눈에는 보이지 않지만, 적외선에서부터 자외선까지 다양한 빛이 함께 방출되고 있다. 이렇게 물체에서 여러 가지 빛이 한꺼번에 퍼져 나가는 현상을 '복사^{Radiation}'라고 부른다. 그리고 이때 방출되는 빛들이 모여 만들어내는 '색'과 '밝기'의 전체적인 분포를 '스펙트럼^{Spectrum}'이라 한다.

복사와 스펙트럼 개념을 나름 쉽게 체감되는 용어로 이해해 보자면, 일종의 '빛줄기'라고 보면 좋을 것 같다. 물체들이 열을 받으면 여러 가지 빛을 내뿜는데, 이때 빛은 눈에 보이는 빛(가시광선)에서부터, 눈에 보이지 않는 적외선과 자외선 등 여러 빛이 함께 방출된다. 빨간색, 파란색, 흰색 등 특정 색이 우리 눈에 보이는 이유는, 물체가 특정 온도에 이르렀을 때 가장 강하게 나오는 빛의 색이 달라지기 때문이다. 그래서 온도가 높아질수록 붉은색에서 주황색, 노란색, 흰색 등으로 색이 변하는 것이다. 사실, 물체는 꼭 뜨겁지 않아도 온도만 있다면 항상 빛을 낸다. 인간의 몸에서도 빛이 나온다. 다만 섭씨 36.5도인 인간의 체온은 상대적으로 매우 낮아서 우리 눈에 보이지 않는 적외선 형태로 빛을 내고 있을 뿐이다. 이처럼 온도에 따라 물체가 내뿜는 빛의 색이 변하는 현상은, 물체의 종류와 관계없이 보편적으로 나타나는 현상이라 한다.

과학자들은 온도 변화에 따른 물체가 내뿜는 빛줄기 분포인 스펙트럼 변화를 알고서, 그 관계를 과학적으로 밝히려고 했다. 과

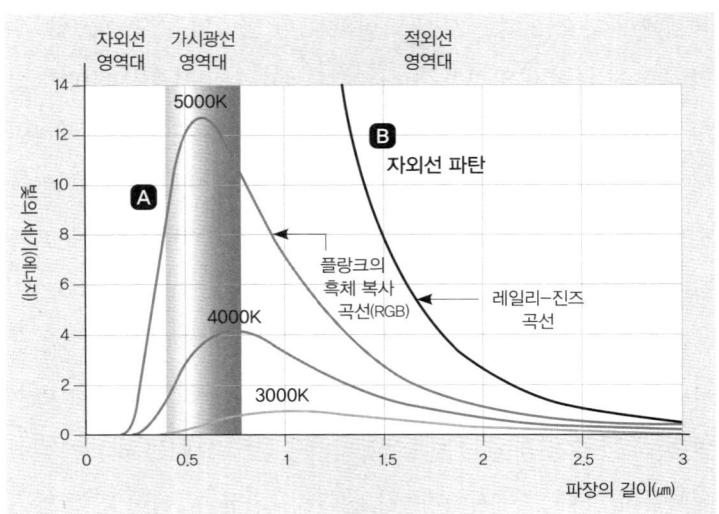

[그림 2-1] 플랑크 흑체 복사 곡선과 레일리-진즈의 곡선
출처: [양자 톺아보기] 3. 얼떨결에 뛰어넘은 고전역학. e4ds news 참조 편집(https://www.e4ds.com/sub_view.asp?ch=22&t=1&idx=9479)

학자는 실험을 통해서 온도 변화에 따라 흑체가 어떤 빛들을 내뿜는지 관찰했고, 그 모양은 일종의 비대칭적인 언덕 모양을 하고 있다. 빛 에너지가 증가하다가 어느 지점에서부터 감소하는 모양새다. 하지만, 문제는 당시 과학자들이 실험에서 관찰된 자연의 모습을 수학적으로 설명 못하는 데 있었다.

플랑크 이전의 과학자들은 빛을 파동으로 생각했기 때문에, 빛의 에너지도 끊김 없이 연속적이라고 믿었다. 파동은 끊이지 않고 매끄럽게 이어져 있기에 과학자들은 빛의 에너지도 연속적이라 생각했다. 이는 당시 고전역학의 기본적인 관점이자 패러다임이었다. 그래서 온도에 따라 흑체에서 방출되는 빛의 분포를 일종의 연속 함수로 설명하려 했다. 그런데 이 고전적인 관점에 따라 빛의 에너지가 연속적이라고 가정하고 계산하면, 온도가 높아질수록 빛의 세기가 무한대로 증가한다는 비현실적인 결과가 나타났다. 즉, 수식으로 함수 그래프를 그리면 [그림 2-1] 'A영역'과 같은 비대칭적인 언덕 모양이 그려져야 하는데, 'B영역'과 같이 어느 한쪽으로만 쭉 증가하는 모양만 그려지는 것이었다.

이처럼 무한한 에너지를 내뿜는 물체가 현실 세계에 존재할 수는 없지 않은가? 기존 고전역학적 개념을 바탕으로 한 계산은 현실의 실험 결과를 제대로 설명하지 못하고 있었다. 이런 모순을 '자외선 파탄Ultraviolet Catastrophe'이라 부르기도 한다. 그러던 중 막스 플랑크가 빛 에너지의 양자화 개념을 도입하여 흑체 복사 문제를 해결했다. 플랑크는 빛의 에너지가 일정한 크기를 가진 덩어리로 끊어져 있다고 가정했는데, 이를 '양자화'라 한다.

플랑크는 처음부터 양자화 개념을 염두에 두면서 새로운 접근법을 시도한 건 아니다. 그는 그저 기존 과학자들의 수식을 바탕으로 실험 결과에 맞게 한번 짜맞춰 봤을 뿐인데, 그렇게 나온 수식이 흑체의 온도와 빛 사이의 관계를 기막히게 잘 설명해낸 것이다.[22] 수식 자체는 자연 현상을 잘 설명했지만, 왜 그런 결과가 나오는지 물리적 의미가 필요했다. 그가 만들어낸 수식이 물리적으로 의미하는 바를 설명하기 위해서 막스 플랑크가 개념을 창안한 개념이 바로 '빛 에너지의 양자화'다.[23] 플랑크는 빛 에너지가 연속이 아니라 일정한 크기의 기본 단위로 나뉜 불연속적인 덩어리라고 생각했다.[24] 에너지가 특정한 기본 단위를 가지고 있으며, 그 단위의 정수 배로만 존재할 수 있다고 가정하면 흑체 복사 문제를 설명할 수 있었다. 이런 방식으로 흑체 복사 문제를 해결한 그는 1918년 노벨 물리학상을 수상한다. 이처럼 20세기 초, 고전 역학의 한계를 뛰어넘어 양자화라는 개념을 도입한 플랑크는 '양자'라는 새로운 패러다임을 열었다.

플랑크는 빛 에너지가 기본 단위로 나뉜 에너지 덩어리라는 개념을 제안했지만, 스스로 빛이 입자라는 생각까지 나아가지는 않았다. 그 이유는 플랑크가 흑체 복사 문제를 해결할 당시만 하더라도 빛이 파동이라는 의견이 과학계 내에서 매우 공고했기 때문이다. 그는 자신의 양자화 개념을 당시 문제를 해결하기 위한 수학적 편의로 여겼을 뿐, 언젠가 더 근본적인 설명이 나타날 거라 기대했다.[25] 막스 플랑크가 빛 에너지 양자화 개념을 통해서 흑체 복사 문제를 해결했지만, 오히려 파동이라 믿었던 빛이 입자일 수도 있다는 새로운 모순적 문제가 생겼다. 이 새로운 문제를 풀어낸 인물, 20세기 초 플랑크의 아이디어를 이어받아 빛이 입자라는 사실을 강력히 제시한 사람, 그가 바로 알베르트 아인슈타인이다.

신성하고 위대한
그리고 친숙한 존재, '빛'

> "'빛이 있으라' 하시자 빛이 생겼다('Let there be light', and there was light)."
> ―《성경》〈창세기〉 1장 3절 ―

《성경》〈창세기〉 1장 3절의 빛, 부처의 깨달음의 상징인 환하고 밝은 광명, 온전한 자아를 찾아가기 위해 분투하는 존재 파울로 코엘료의 《빛의 전사 Warrior of the Light》 등 인류 역사가 시작된 이래 동양과 서양을 불문하고, 빛이 가지고 있는 가치는 긍정적이며, 중요한 상징성을 띠고 있다. 과학의 역사에서도 빛의 존재는 신비로운 대상이다. 그리고 신비로운 빛의 모습은 과학자들의 영감이 되기도 한다.

제임스 맥스웰은 빛이 가지고 있는 전기력과 자기력에 대한 과학적 설명을 완성했다. 앞 세대의 가우스, 패러데이, 렌츠, 앙페르의 전기와 자기 연구를 종합하고 마지막 정점을 찍어 맥스웰 방정식을 완성한 것이다. 제임스 맥스웰의 전자기학은 전기 모터와 전기 발전기 탄생의 기반이 되었고, 새로운 동력과 동력원을 가진 인류는 1차 산업혁명 이후 다시 한번 비약적인 발전인 2차 산업혁명을 일군다. 또한 맥스웰의 전자기학은 3차 산업혁명의 도구인 통신 기술 발전의 주춧돌이 된다.

또한 $E=mc^2$으로 대표되는 아인슈타인의 특수 상대성 이론은 그가 열여섯 살 때 생각했던 "빛과 나란히 달리면서 빛을 보면 정지해 보일까?"라는 빛에 관한 의문에서 시작되었다.[26] 이후 10년간 빛에 관한 탐구 끝에 〈움직이는 물체의 전기역학에 대하여〉라는 제목의 논문(특수 상대성 이론)이 1905년에 발표된다. '특수 상대성 이론'은 이 논문 발표 당시 사용한 용어가 아니라, 1916년 아인슈타인이 〈일반 상대성 이론의 기초〉를 발표한 이후 둘을 구분하기 위해 쓰이기 시작한 말이다. 참고로 나 같은 과포자들이 흔히들 아인슈타인이 상대성 이론으로 노벨 물리학상을 받았다고 착각한다. 하지만 아인슈타인은 1905년에 발표한 또 다른 논문인 광전효과 Photoelectric effect에 대한 연구로 1921년 노벨 물리학상을 수상했다. 아인슈타인의 광전효과 논문 역시 빛을 다룬다. 그리고 아인슈타인의 광전효과 논문을 통해서 현대 물리학의 시대가 열린다. 한편 1905년은 아인슈타인이 현대 물리학의 근간이 되는 '광전효과', '브라운 운동', '특수 상대성 이론', '질량-에너지 동등성'을 발표한 해로 과학계에서는 '기적의 해Annus Mirabilis'라 부른다.

이처럼 동서고금 인류 문화의 상징으로서나, 과학 문명 탄생의 소재로서나, 그리고 항시 빛을 밝혀 생활하는 우리에게 빛의 존재는 때로는 신성하기도, 혹은 위대하기도, 그리고 너무나도 익숙하기도 한 존재다.

그렇다면 빛은 과연 과학적으로 무엇인가? 과포자인 내가 양자역학 교양 콘텐츠를 볼 때 빛, 전자, 그리고 원자의 신비로움에 빠져 있다가도, 문득 "어? 빛은 뭐고 전자는 뭐지? 빛과 전자가 무슨 관계이기에 빛과 전자를 계속 같이 설명하는 건가?"라는 의문이 생기곤 한다. 또한 일상에서 '빛-전자-전기-자기' 등 용어를 자주 쓰지만, 막상 각각의 존재가 무엇인지 생각해 보면 뭔가 관련이 있으면서도 뭔가 다른 거 같은 난해함에 빠지게 된다. 물론 과포자였던 내가 이러한 난해함에 빠진 것은 양자역학에 관심을 가지고 교양적 탐구를 하기 시작한 이후부터다.

과포자인 내가 신뢰하는, 과학을 전공했던 경제학자 한 분이 있다. 어느 날, 그에게 "도대체 빛과 전자의 관계가 무엇인가?"라고 물었다. 그는 "비전공자 입장에선 빛은 전자가 드러내는 또 다른 모습이라 생각해도 된다"라고 이야기한다. 그렇다. 빛은 전자

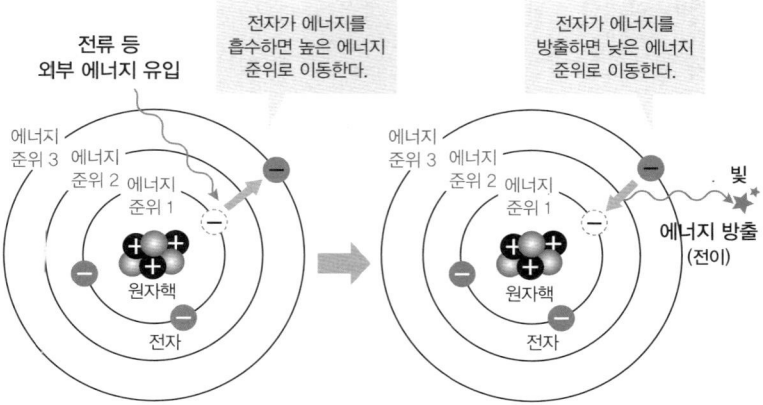

[그림 2-2] 빛이 만들어지는 원리

출처 Wavelength, Light Website, 참조 편집(http://light.physics.auth.gr/enc/wavelength_en.html)

의 또 다른 얼굴이다. 빛이란 전자가 본인의 성질을 변화한 자신의 또 다른 모습이다.

  빛은 원자 속에 존재하는 전자가 높은 에너지 상태에서 낮은 에너지 상태로 이동할 때 생성된다. 예를 들어 [그림 2-2]와 같이 외부에서 에너지가 원자에 유입이 될 때, 에너지 준위 1에 위치한 전자는 외부에서 유입된 에너지를 흡수하면서, 에너지 준위 3으로 이동한다. 하지만 높은 에너지 상태인 에너지 준위 3으로 이동한 전자의 상태는 매우 불안정하여, 본인이 원래 위치했던 낮은 에너지 상태인 에너지 준위 1로 찰나의 순간 다시 이동한다. 이 과정에서 전자는 에너지 준위 차이만큼의 에너지를 잃고, 그 에너지가 빛으로 방출된다. 방출된 빛은 질량은 없지만, 전자가 잃은 에너지에 해당하는 값을 정확히 지니고 나온다. 따라서 전자가 잃은 에너지가 곧 빛으로 드러난다는 점에서, 빛과 전자는 서로 깊이 연결된 존재라 할 수 있다. 빛이 생겨나는 원리는 원자 속 전자의 움직임과 관련되어 있기에 양자역학 교양적 탐구에 있어서 빛-전자-원자 이야기가 함께 다뤄진다.

이제 빛이 생겼다. 그리고 빛은 움직이기 시작한다. 진공 상태에서, 즉 아무런 방해도 받지 않는 상태를 가정하면, 빛의 속도는 약 초속 30만 km. 단위 시간 안에 이동하는 모든 존재 중 가장 빠르다. 그런데 빛은 단순히 이동만 하는 게 아니다. 빛은 전기적인 성질과 자기적인 성질, 두 가지 성질을 동시에 품고 있는 '전자기파' 형태로 퍼져 나간다. 이때 전기적인 파동(전기장)과 자기적인 파동(자기장)은 서로 직각 방향으로 진동하며, 빛이 나아간다. 즉 전기파가 수직으로 위아래로 진동한다면, 자기파는 수평으로 좌우로 진동하고, 이 둘은 마치 서로를 교대로 밀어주듯이 앞으로 나아간다.

전자기파의 이런 모습은 빛이 가지고 있는 고유한 특징이다. 그 이유는 소리, 물결 등 파동은 공기나 물과 같이 파동의 움직임을 연결해 주는 매질媒質, Medium이 필요하지만, 빛은 전기파와 자기파가 서로를 이끌어주는 힘을 통해서 우주의 진공 환경—매질이 없는 환경—에서도 그 힘과 에너지를 전파할 수 있다. 이는 우리 인간에게 있어서 아주 소중한 능력이다. 만약 이런 빛의 특성이 없다면, 우주 공간 속에서 지구로부터 약 1.5억 km 떨어져 있는 태양의 빛 에너지는 지구로 전달될 수 없다. 또한 빛은 약 1초당 30만 km를 움직일 수 있기에, 태양 에너지가 지구까지 전달되는 데는 약 8분밖에 걸리지 않는다. 태양 빛이 1.5억 km의 거리를 거쳐 지구에 전달된다고 생각해 보면 빛의 속도 역시도 너무나 감사한 빛의 능력이다.[27]

빛이 전자기파라는 말은, 우리가 눈으로 보는 가시광선뿐 아니라, 적외선, 자외선, 엑스선, 전파, 마이크로파 등도 모두 이와 같은 구조로 움직인다는 뜻이다. 단지 파장의 길이와 진동수의 차이만 있을 뿐, 기본적인 전자기파의 구조는 같다.

빛은 전기장과 자기장이 서로 직각으로 진동하며 앞으로 퍼져 나가는 전자기파다. 그런데 이 전자기파는 단순히 구조만 흥미로운 것이 아니다. 파동의 모양, 다시 말해 얼마나 촘촘하게 진동하고 얼마나 빠르게 오르내리는지에 따라, 빛이 가진 에너지의 크기, 색깔, 그리고 물리적 성질이 모두 달라진다. 예를 들어, 전자기파의 파장이 짧을수록 진동수는 높아지고, 그만큼 운동 에너지도 커진다. 에너지가 높아질수록 빛의 '온도'는 올라가고, 색은 자색과 푸른색에 가까워진다. 반대로, 파장이 길고 진동수가 낮을수록 에너지도 줄어들어, 색은 점점 붉은색, 또는 적외선 쪽으로 변하게 된다.

파장이 매우 짧은 전자기파를 감마선이라 부르는데, 감마선의 경우 방사성 물질의 원자가 붕괴할 때 생성되며 원자폭탄이나 원자력발전에 이용된다. 가시광선의 의미는 인간 눈으로 볼 수 있는 빛이라는 뜻으로, 파장의 길이는 구분되는 선^{Ray}들 중 일종의 중간값을 가진다. 인간이 볼 수 있는 색은 '빨주노초파남보'로 변해가는 색 스펙트럼 안에서 정해진다. 파장이 매우 긴 라디오파는 라디오, TV와 같은 방송에 주로 사용된다.

마지막으로 전기파와 자기파라는 이름에서 빛의 전자기파 현상이 전기 및 자기(자력)와 연관됨을 알 수 있다. 맥스웰이 전기장과 자기장의 상호작용을 설명하는 방정식을 완성한 이후 인류는 전기라는 동력원과 모터라는 동력을 얻는다. 자석을 이용한 발전기로 전기 에너지를 얻으며, 전기 에너지를 주입해서 자력으로 움직이는 모터를 돌린다. 그리고 모터는 컨베이어벨트 등 기계들이 스스로 작동할 수 있는 동력을 제공한다. 그 결과 앞서 이야기한 것처럼 새로운 동력원과 동력을 가진 인류는 1차 산업혁명에 이은 2차 산업혁명을 일으킨다.

지금까지 빛이 과학적으로 어떻게 탄생하고 어떤 특성이 있는지 알아봤다. 또한 빛의 특성을 전자기파라는 파동성 중심으로 설명했다. 하지만 빛은 입자의 특성도 가지고 있다. 빛의 입자성을 더욱 쉽게 이해하기 위해선 빛의 파동적 특성 몇 가지를 먼저 이해할 필요가 있기에 빛의 파동성을 우선 설명했다. 그렇다면

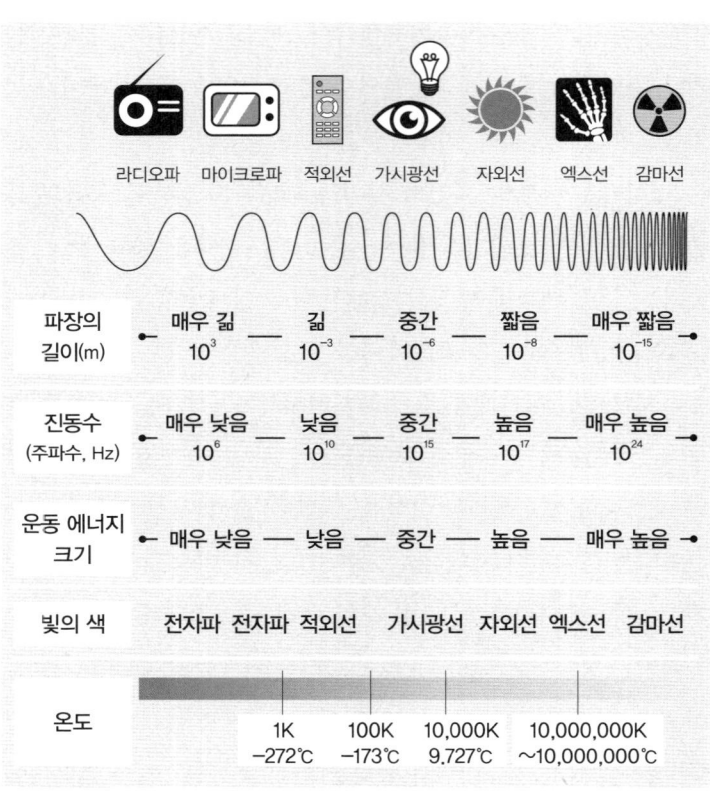

[그림 2-3] **전자기파 파장 길이에 따른 특징**

출처: 5-b 파장에 따른 빛의 특성, '과학하는 인간, 호모 사이언스' 참조 편집(https://homoscience.kr/1164/)

이제 이어서 빛의 입자성에 대해서 알아보자. 빛의 입자성이 어떻게 밝혀지고 받아들여졌는지 알기 위해선 아인슈타인의 광전효과를 알아야 한다.

파동인가 입자인가, 아인슈타인이 밝힌 빛의 이중성

금속판이 하나 있다. 이 금속판 내부는 원자핵과 전자로 이루어져 있다. 이때 전자 일부는 원자핵과 느슨하게 결합해 있어서, 외부에서 일정 수준 이상의 에너지만 주어진다면 쉽게 튀어나올 수 있는 상태다. 빛이 이 금속에 닿을 때, 만약 빛이 지닌 에너지가 전자와 원자핵 사이의 결합 에너지보다 크다면, 전자가 금속 표면에서 이탈하게 된다. 이때 금속 바깥으로 방출되는 전자를 '광전자Photoelectron'라 부른다.

이처럼 광전효과는 빛이 금속 표면에 닿을 때 전자가 튀어나오는 현상을 말한다. 아인슈타인은 광전효과 논문에서 광양자설Light quanta을 주장하는데, 여기서 '광'+'양자'란 입자화된 빛을 의미한다. 아인슈타인은 이 현상을 설명하며, 빛이 연속적인 파동이 아니라, 개별적인 에너지 덩어리처럼 작용한다고 주장했다. 마치 빛이 당구공처럼 전자에게 에너지를 전달해, 금속판 밖으로 튀어오르게 하는 것이다. 즉, 아인슈타인은 그간 파동이라 믿어왔던 빛의 입자성을 주장한 것이다. 막스 플랑크가 물체 온도와 빛의 관계를 밝히며 현대 물리학 시대의 운을 띄웠다면 아인슈타인은 광전효과 논문을 통해서 현대 물리학 시대의 문을 연다.

그렇다면 빛이 입자처럼 작용한다는 아인슈타인의 주장은 실험에서 어떻게 확인될 수 있었을까? 과학자들은 빛의 색과 밝기를 바꿔가며, 전자가 언제 튀어나오는지를 하나씩 실험해 봤다. 빛이 얼마나 강한지, 또 그 힘이 전자에게 어떻게 닿는지를 알아보려 했다.

첫 번째 실험에서는 상대적으로 운동 에너지가 낮은—상대적으로 파장의 길이가 긴—빛을 쏘였지만, 빛의 힘이 금속판의 원자핵과 전자의 결합력을 끊어놓을 만큼 충분하지 않았다. 이어서 과학자들은 운동 에너지를 유지한 상태로 빛의 세기(밝기)를 높여 실험했지만, 여전히 금속판의 전자는 튀어나오지 않았다. 두 번째 실험에서 과학자들은 빛의 파장을 짧게 해서 진동수를 높였다. 빛의 운동 에너지가 높아진 빛을 금속판에 쏘니 이번엔 전자가 금속판에서 곧바로 튀어나온 것이다.

그런데 이처럼 빛이 바로 튀어나오는 모습은 빛을 파동으로 생각한 과학자들에게는 이해하기 어려운 모습이다. 우선 빛의 파동설을 지지했던 과학자들은 빛 에너지가 금속 표면의 전자에 축적됨을 가정했다. 금속 표면에 쏘여준 빛의 에너지가 일정 시간이 지나 축적된 후에 전자가 튀어나오는 모습을 예상했지만, 빛이 금속에 닿자마자 바로 전자가 튀어나온 것이다. 이것은 마치 빛이 당구공 같은 입자가 되어 전자를 때려 튕겨낸 모습과 같다. 빛의 파동 성격보다는 입자의 모습이 부각된 현상이었다.

그리고 이어서 진동수를 더 높여 다시 금속판에 빛을 쏘였는데, 과학자들의 기대와는 달리 금속판에 튀어나오는 전자 개수는 변화가 없었다. 다만 변하는 것이 있다면 전자가 금속판에서 튀어나오는 속도만이 변화했다. 운동 에너지가 높아진 빛이 금속판에 부딪히는 속도가 높아져 그 높아진 속도만큼 전자가 더 빠르게 금속판에서 튀어나온 것이다. 과학자들은 세 번째 실험에서 두 번째 실험에서와 같은 진동수를 가진 빛을 이번엔 빛의 세기(밝기)를 높여서 금속판에 쏘였다. 그러더니 이번에는 두 번째 실험에서보다 더 많은 전자가 금속판에서 튀어나왔다.

위 실험에서 빛의 운동 에너지 강도를 높였을 때 전자가 금속판에서 바로 튀어나오는 모습과 빛의 세기를 달리했을 때 금속판에서 튀어나오는 전자수가 달라지는 모습을 고려했을 때 빛의 입자성을 생각할 수 있다. 이러한 관찰된 현상을 보고 아인슈타인은 입자화된 빛, 광자를 주장한 것이다.

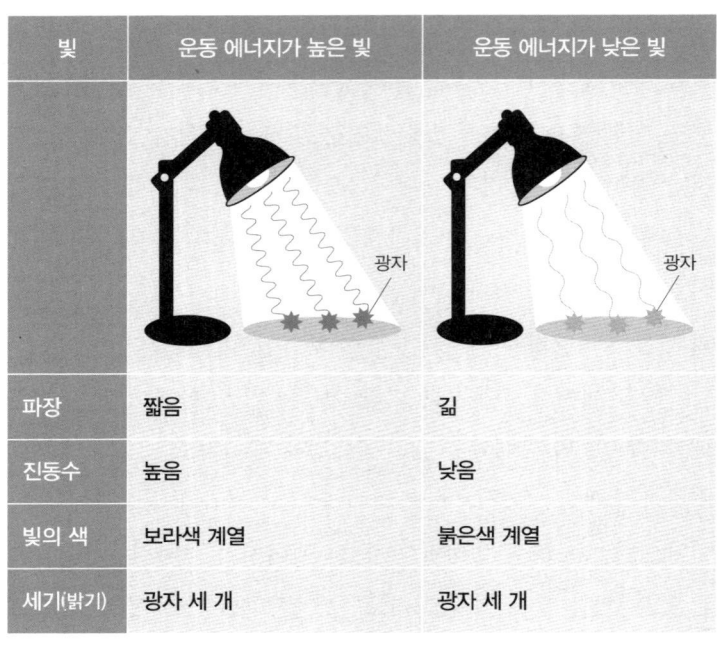

[그림 2-4] 빛의 세기는 동일하고 운동 에너지가 높은 빛과 낮은 빛의 비교

아인슈타인이 주장한 빛의 입자성을 이해하기 위해선 빛의 세기와 운동 에너지에 대한 개념을 구분해서 이해할 필요가 있다. 우리가 일상생활에서 "빛의 세기가 강력하다 혹은 세다"라는 말은 "빛의 에너지가 높다 혹은 강하다"와 비슷하게 생각된다. 하지만 과학에서 두 개념은 다르다. 빛의 운동 에너지가 높고 낮음은 빛의 파장 길이에 의해서 정해지고, 빛의 세기가 강하고 낮음은 빛의 광자 수에 정해진다. 빛의 세기가 강하다는 것은 많은

빛	빛의 세기가 강한 빛	빛이 세기가 약한 빛
	 (램프 그림, 광자 표시)	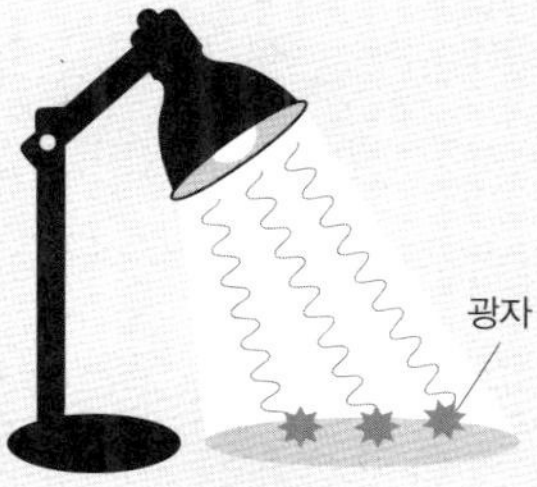 (램프 그림, 광자 표시)
파장	짧음	짧음
진동수	높음	높음
빛의 색	보라색 계열	보라색 계열
세기(밝기)	광자수 일곱 개	광자수 세 개

[그림 2-5] 운동 에너지는 동일하고 빛의 세기가 강한 빛과 약한 빛의 비교

광자가 존재하여 더 밝은 빛을 비추는 것이고, 빛의 세기가 약하다는 것은 좀 더 적은 광자가 존재하여 더 어두운 빛을 비추는 것이다.

[그림 2-4]를 보면 운동 에너지가 높은 빛은 짧은 파장을 그리며 퍼져 나가고 보라색 계열의 빛을 비춘다. 반면 운동 에너지가 낮은 빛은 좀 더 긴 파장을 그리며 주황색 붉은 계열의 빛을 비추며 퍼져 나간다. 하지만 두 빛의 밝기는 광자 세 개만큼의 밝기로

같다.

[그림 2-5]를 보면 빛의 세기가 강하고 약함의 차이를 알 수 있다. 두 스탠드의 빛은 같은 보라색 계열로 같은 크기의 파장을 가지고 있다. 두 빛의 운동 에너지는 동일하다. 하지만 두 빛의 밝기는 왼쪽 스탠드에서 나오는 빛이 더 밝다. 그 이유는 왼쪽 스탠드에서는 일곱 개의 광자가 퍼져 나오면서 주변을 더 밝게 비추기 때문이다.

이제 빛의 세기와 운동 에너지의 차이를 이해했다면, 다시 빛의 산란 실험에서 빛과 전자를 탁구공-야구공-농구공에 빗대어 이해해 보자. 과학자들의 첫 번째 실험 관찰에서는 낮은 운동 에너지를 비추었는데, 금속판에서 전자가 튀어나오지 않았다. [그림 2-6]과 같이 주황빛의 긴 파장을 가진 광자는 일종의 탁구공 크기의 운동 에너지를 가진 입자다. 그런데 금속판 위에 존재하는 전자의 경우는 야구공 크기의 입자인 것이다. 탁구공을 아무리 멈춰 있는 야구공에 던져봐야 별달리 움직이지 않은 것처럼, 낮은 운동 에너지를 가진 빛의 입자는 금속판에서 전자를 분리할 수 없다.

이어서 [그림 2-7]과 같이 파장이 짧은 에너지를 가진 광자는 일종의 축구공 크기의 운동 에너지를 가진 입자다. 그렇다면 이번에는 축구공만 한 광자를 금속판에 비추면 어떻게 될까? 우리가 운동장에서 만약 축구공을 야구공에 던진다면 야구공은 축구

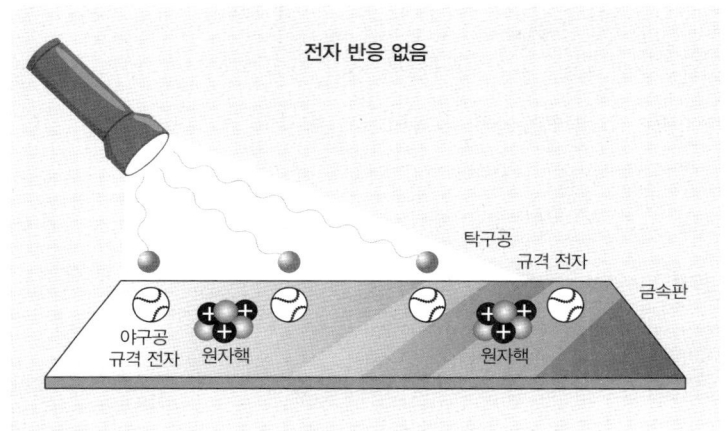

[그림 2-6] 낮은 운동 에너지의 빛을 금속판에 쏘았을 때 (탁구공 vs 야구공)

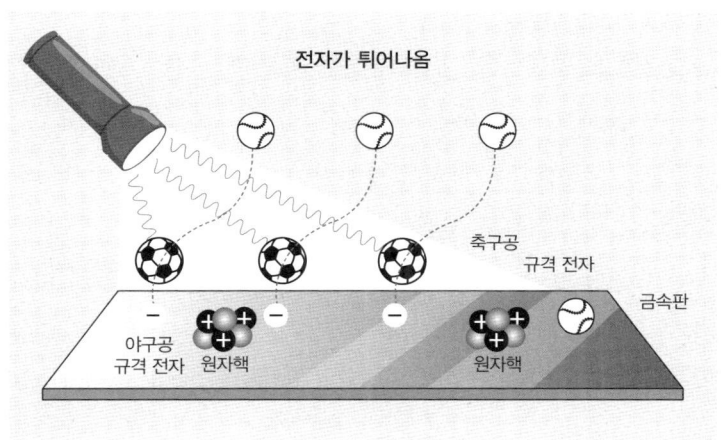

[그림 2-7] 높은 운동 에너지의 빛을 금속판에 쏘았을 때 (축구공 vs 야구공)

공의 크기와 무게에 이기지 못해 움직일 것이다. 그와 같이 축구공과 같은 높은 운동 에너지를 가진 광자를 야구공 같은 전자에 쏘이면, 그 결과 전자는 금속판에서 튕겨 나올 것이다.

하지만 만약 스탠드에서 지금보다 더 짧은 파장을 가진 예를 들어 농구공만 한 빛의 광자를 쏘더라도 금속판에서 튀어나오는 전자의 수는 여전히 세 개일 것이다. 그 이유는 스탠드가 보내는 광자의 수만큼 금속판 위의 전자와 반응할 수 있기 때문이다. 아인슈타인은 이런 현상을 "하나의 빛 알갱이는 금속 내부의 여러 자유 전자와 동시에 상호작용을 하지 않으며, 오직 한 개의 자유 전자와 상호작용을 한다"라고 정의했다. 그러므로 금속판에서 더 많은 전자를 확보하기 위해선 [그림 2-8]과 같이 원자핵과 전자 간의 결합을 뗄 수 있을 만큼 충분한 운동 에너지를 가진 광자의 수를 늘릴 때 가능한 것이다.

참고로 광전효과를 이용한 가장 대표적인 기술이 바로 태양광 패널이다. 직관적으로 이해하기 쉽다. 위 설명에서 이야기한 금속판을 그냥 우리가 아는 태양광 패널로 바꾸면 바로 그게 태양광 에너지 발전이다. 햇빛의 광자가 태양광 패널을 때리면, 태양광 패널에서 튀어나온 전자들을 전기 에너지로 돌리는 것이 바로 태양광 발전이다.

아인슈타인은 빛을 입자로 볼 때 광전효과가 비로소 이해된다고 주장했다. 그리고 그는 광전효과 논문을 낸 지 16년 후 1921년

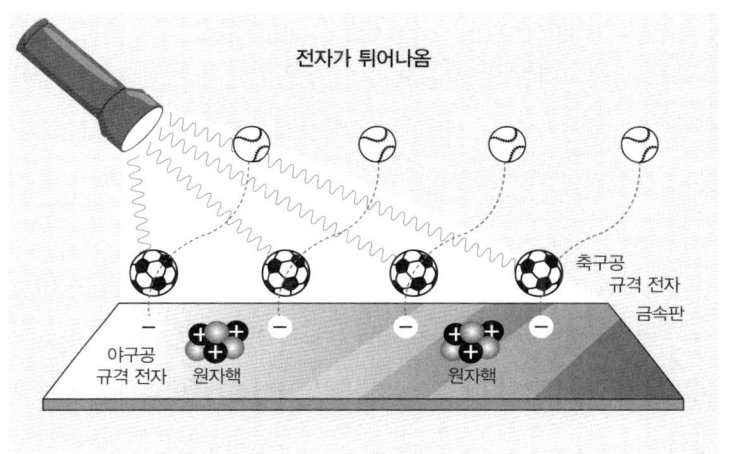

[그림 2-8] 높은 운동 에너지와 좀 더 밝은(세기가 강한) 빛을 금속판에 쏘았을 때

노벨 물리학상을 수상한다. 그의 상대성 이론이 워낙 유명하다 보니, 광전효과로 노벨 물리학상을 받았다는 사실을 나 같은 과포자들이 알게 되면 예상과 다른 사실에 꽤 놀란다. 그가 상대성 이론으로 노벨상을 받지 못한 이유는 특수 상대성 이론이 워낙 어려워 당시 전문가들이 이해하고 받아들이기까지 꽤 긴 시간이 걸렸기 때문이라고 한다. 특수 상대성 이론으로 노벨상을 받진 못했어도, 특수 상대성 이론은 아인슈타인이 노벨상을 받는 데 이바지한다. 그 이유는 특수 상대성 이론적 배경이 아인슈타인이 광전효과 현상을 관찰하고 '빛의 입자성'을 생각해 볼 수 있는 관점을 만들어주었기 때문이다.[28]

하지만 아인슈타인의 '빛의 입자성' 주장은 과학계에서 처음부터 받아들여지지는 않았다. 빛의 입자성이 더욱 보편적으로 받아들여졌던 때는, 아인슈타인이 노벨 물리학상을 받은 뒤 2년 후, 아서 콤프턴의 엑스선-전자 산란 실험을 통해서 입자성이 입증되었을 때다.

그렇다면 빛이 입자임을 이야기하는 광전효과 논문으로 1921년 노벨 물리학상을 받고, 1923년 콤프턴의 실험으로 빛의 입자성이 증명되었으니 그럼 빛은 입자인가? 아니다. 아인슈타인은 사실 빛의 이중성을 이야기했다. 빛은 광자라는 입자성과 동시에 전자기파와 같은 파동성을 다 가지고 있는 존재라는 것이다. 위 설명에서도 '탁구공, 당구공, 축구공, 농구공' 같이 광자를 입자처럼 묘사했지만 동시에 파장의 길이와 같은 파동성의 특성이 결코 무시 되지 않았다.

빛이 입자일 수 있음을 생각했지만, 당시 시대 분위기와 정서에 거스르는 주장을 차마 할 수 없었던 막스 플랑크와 달리, 아인슈타인은 시대 분위기와 정서에 아랑곳하지 않고 빛의 입자성, 아니 이중성을 강력히 주장했다. 사실 빛이 파동이 아닌 오직 입자라는 주장보다 빛이 입자이며 파동이라는 주장은 더 파격적인 이야기다. 어떤 한 존재가 입자이며 파동이라는 모습이 상상이나 가는가? 양자역학이 현대 과학의 패러다임으로 자리 잡고 그와 관련된 기술이 세상을 지배하는 지금 이때에도 이중성이란 개념은 상상하고 이해하긴 어렵다. 시대 정서를 거스르는 것을 넘어 상상조차 하기 힘든 사실을 이야기하는 아인슈타인은 신념이 매우 강한 사람이었다. 그가 빛과 중력에 대한 호기심으로 시작한 연구를 각 10년씩 총 20년간 한 가지 주제에 몰두하면서 특수 상대성 이론과 일반 상대성 이론을 완성했다는 사실에서도 그가 얼마나 강한 신념을 가졌는지 짐작해 볼 수 있다.

양자역학의 핵심은 미시 세계 물질인 입자가 파동과 같이 행동하는 이중성이라 했다. 아인슈타인은 광전효과 논문을 통해서 빛의 이중성을 밝히며 양자역학 시대의 문을 활짝 열었다. 하지만 그가 양자역학을 위시한 현대 물리학의 시대를 열었지만, 새로운 시대를 받아들이는 옹호자로서 존재하진 않았다. 그는 오히려 새로운 시대를 거부하는 저항 세력의 수장이었다. 양자역학이라는 새로운 패러다임을 완성한 것은 여러 젊은 천재 과학자들이다. 그렇다고 아인슈타인이 양자역학 패러다임 완성에 기여하지 않았다고 볼 수는 없다. 그의 강력한 신념이 이번에는 새로운 시대를 여는 젊은 과학자들의 도전에 있어서 응전하는 데 발휘됐다. 하지만 젊은 과학자들은 그의 집요하고 강력한 응전을 다 극복하며 양자역학이라는 새로운 패러다임을 완성한다. 아인슈타인의 응전 덕분에 양자역학은 논리적으로 더욱 공고한 물리학 이론으로서 그 완성을 이룬다. 생각해 보자, 그의 강한 신념과 집요함으로 그가 신진 과학자들과 얼마나 치열한 토론과 논쟁을 벌였을지. 그의 강력한 신념이 다른 의미로 새로운 시대를 완성할 수 있게끔 이바지한 것이나 마찬가지다.

아인슈타인은 미시 세계 물질의 이중성에 대한 해석을 '인과율'이 아닌 '불확정성' 즉 확률적으로 접근하는 것을 죽을 때까지 받아들이지 못했다. 닐스 보어를 필두로 양자역학 패러다임을 수립한 신진 과학자들(코펜하겐 학파)은 미시 세계 물질의 이중성을 확률적으로밖에 접근할 수 없음을 피력했지만, 아인슈타인은 "신은 주사위 놀이를 하지 않는다"라고 응수한다. 또한 그는 미시 세계의 현상을 확률적으로 접근할 수밖에 없는 이유는 '숨은 변수'를 아직 우리가 찾지 못했기 때문임을 지적하며, 양자역학의 불완전성을 주장한다. 이처럼 아인슈타인과 코펜하겐 학파 간 논쟁의 핵심은 미시 세계 물질의 이중성에 대한 확률적 해석인 것 같다. 그렇다면 코펜하겐 학파의 이야기처럼 "왜 미시 세계 물질의 운동은 확률적으로만 접근 가능할까?"에 대한 답을 이제부터 한번 알아보자.

물질도 파동이다, 드 브로이의 대담한 가설

"1%의 영감이 없으면 99% 노력은 소용이 없다."

— 토머스 에디슨 —

코펜하겐 학파의 양자역학 해석을 알아보기 전 한 가지 더 짚고 넘어갈 중요한 부분이 있다. 그것은 바로 물질의 이중성이다. 지금까지 물질의 이중성에 대한 설명은 미시 세계 관점에서 주로 설명되다 보니 미시 물질세계에만 존재하는 특성으로 생각하기 쉽다. 하지만 입자와 파동의 이중성은 미시 세계에만 존재하는 특성이 아닌 매우 커다란 분자를 넘어 인간 몸 그리고 거대한 바윗덩어리에서도 보이는 특성이다. 모든 물질은 질량 등을 가진 입자이지만, 물질의 크기―정확히는 물질의 운동량―에 따라 얼마큼 파동의 특성이 명확해지는지 구분된다. 바윗덩어리, 인간의 몸, 커다란 분자 덩어리 등은 그 크기가 매우 커서 파동 움직임의 특성이 매우 미미해진다. 이런 거대한 물질의 운동은 입자의 움직임으로 접근한다. 하지만 물질 운동을 입자성으로 접근한다고 하여 그 거대한 물질의 파동성이 사라진 것이 아니다. 파동의 움직임이 매우 약해져서 고려치 않아도 된 것이다. 반면 원자, 전자와 같은 미시 세계 물질들은 그 크기가 매우 작아 파동 움직임의 특성이 명확해진다. 이때 미시 세계 물질의 운동은 파동의 움직임으로 설명한다.

알베르트 아인슈타인이 파동이라 생각했던 빛의 입자성을 밝혔다면, 프랑스 귀족 가문 출신 루이 드 브로이는 입자라 생각했던 전자의 파동성을 밝히면서 미시 세계 물질의 이중성을 거시 세계까지 확장한다. 물질의 이중성을 미시 세계뿐만 아니라 거시 세계로까지 확장 시킨 드 브로이의 이론을 물질파 이론이라 부른다. 드 브로이는 아인슈타인의 광양자설에서 큰 영감을 받아 물질파 이론을 주장할 수 있었다. 드 브로이의 영감을 요약해 보자면 이렇다.

"아인슈타인에 의해 파동이라 생각했던 빛의 입자성이 밝혀졌다. 그렇다면 빛과 전자의 관계를 생각해 볼 때, 반대로 입자라 여겨지던 전자의 파동성도 충분히 고려해 볼 수 있지 않을까?"

드 브로이는 빛과 전자의 관계를 정확히 그 반대로 추론한다. 빛과 전자가 각기 다른 별개의 존재가 아니기에, 아인슈타인의 생각과 반대로 입자 특성인 전자의 파동성을 추론하며, 일종의 사고 확정을 이룬 것이다.

드 브로이는 위와 같은 자기 생각을 1923년 자신의 박사학위 논문에 담는다. 그의 주장은 아인슈타인의 광전효과 논문만큼이나 파격적이라 지도교수와 논문심사위원들이 평가하기 어려웠다고 한다. 그리하여 그의 지도교수는 아인슈타인에게 드 브로이의 박사학위 논문에 대한 자문을 구했다. 아인슈타인은 "물리학의 커다란 베일을 걷어냈다"라는 의견과 함께 드 브로이의 박사학위 논문을 적극적으로 지지하는 추천서를 보내왔다.[9] 그 결과 논문심사위원들은 드 브로이에게 박사학위를 수여한다. 그리고 4년 후 그의 주장은 실험 물리학을 통해서 입증된다. 1927년 미국 벨 연구소 클린턴 데이비슨과 레스터 저머 두 연구자는 '전자를 이용한 니켈 표면 연구'를 통해서 영국의 조지 톰슨은 '전자선 회절 실험'을 통해서 전자의 파동성을 실험으로 증명하여 드 브로이는 1929년 노벨 물리학상을 받는 영예를 얻는다.

이어서 드 브로이 물질파 이론이 이야기하는 바를 드 브로이 관계식을 통해서 간단히 살펴보자. 식이 부담스러울 순 있으나, 생각보다 단순한 구조라 부담 갖지 않아도 된다. 그냥 해당하는 곳에 이런 숫자를 넣었더니 이런 결과 값이 나오는구나, 하면 될

$$\lambda = \frac{h}{p} = \frac{h}{mv}$$

λ: 파장(파동)
h: 플랑크 상수
p: 물체의 운동량
m: 질량
v: 속도

드 브로이 관계식

것 같다. 람다(λ)는 파장을 뜻하고 파동의 성질이다. 물체의 질량(m)과 속도(v)의 곱인 운동량(p)은 입자의 성질이다. 참고로 플랑크 상수(h)는 '0이 서른세 개 정도 들어가는 극미하게 작은 소수'로, 물질의 입자성과 파동성을 연결하는 역할이라 한다. 드 브로이는 파동과 입자를 별개로 취급했던 고전역학 세계의 패러다임을 깨고, 파동과 입자의 성질이 같다고 선언한 것이다. 다만 파동과 입자의 그 관계는 반비례로 정의된다. 입자의 크기와 파동의 크기는 서로 반비례하기 때문에 입자의 크기(질량)가 작아질 때 혹은 속도가 느려질 때 물질의 파동성은 커진다.

드 브로이는 모든 입자는 그에 대응하는 파동성이 존재한다고 한다. 그렇다면 인간의 몸을 가진 나는 왜 파동과 같이 움직이지 않을까? 그 이유는 원자와 전자들이 결합한 내 몸 입자의 파장 사이즈가 내 몸 사이즈보다 극히 작기 때문이다. 계산의 편의상

[그림 2-9] 고전역학 세계에서 파동의 모습

출처: 김갑진 교수의 '언더스탠딩Understanding: 이번 생 마지막 양자역학 강의' 참조 편집

예를 들어, 내 몸무게가 100kg이고 100m 달리기를 10초에 돌파할 수 있는 속력을 가진다는 가정을 할 경우, 드브로이 관계식에 해당 수치를 넣어서 계산해 보면, 내 몸에서 나오는 파동은 소수점 단위로 0이 서른일곱 개가 존재하는 약 '0.0000000000000000000000000000000000007m'의 극히 작은 파장의 형태 갖는다.[30] 그렇기에 고전역학 세계에선 물질의 파동성이 보이지 않는다.

반면, 수소 원자의 질량은 1.67×10^{-27}kg을 드 브로이 관계식에 넣어볼 경우, 약 '0.0000004m'로 인간의 몸의 파장과 비교했을

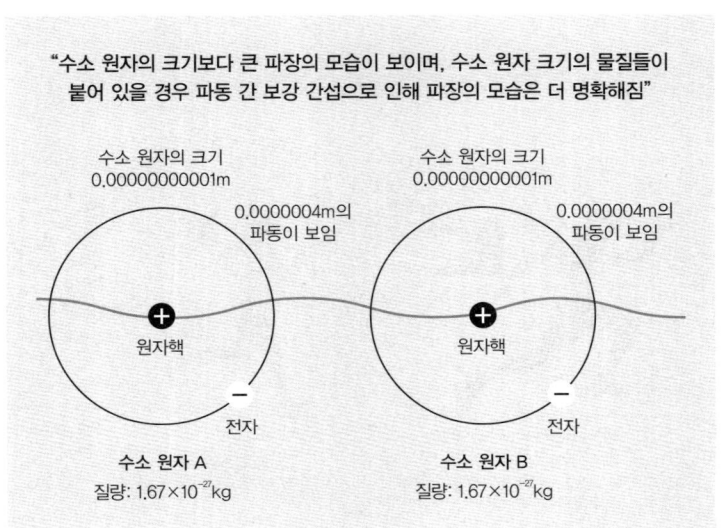

[그림 2-10] **양자역학 세계에서 파동의 모습**
출처: 김갑진 교수의 '언더스탠딩: 이번 생 마지막 양자역학 강의' 참조 편집

때, 아니 그보다 수소 원자의 크기와 비교했을 때 제법 큰 수의 파장이 나온다.[31] 물질의 파동성이 명확해지기 위해선 파장의 사이즈가 물질의 사이즈보다 비슷하거나 커야 하는데, 수소 원자의 파동 사이즈는 원자의 사이즈보다 크기에 파동성이 명확해진다.

이처럼 드 브로이 관계식상 파동과 물질의 운동량[$p=$질량(m)$\times$속도(v)]은 반비례 관계기에 물질의 크기(질량)가 작으면 작을수록 물질의 파동성은 커진다. 혹은 물질 주변 환경을 절대 영도(0K, -273°C)로 낮추는 등 인위적인 방법을 가해 물질 속 원자단위 입자의 움직임까지 멈춤, 즉 속도를 0으로 만듦으로써 파동의 특성을 키울 수도 있다.

플랑크와 아인슈타인의 빛에 대한 탐구로부터 '양자화' 개념이 탄생하고 '이중성'이 밝혀졌다. 그리고 드 브로이는 플랑크와 아인슈타인의 업적을 이어받아 '양자화' 그리고 '이중성' 개념을 모든 물질계로 확장했다. 드 브로이의 물질파 이론은 양자역학 체계가 발전하는 데 디딤돌이 된다. 양자역학의 아버지 보어는 드 브로이의 물질파 이론을 통해서 자신의 원자 모형을 완성하고, 양자역학의 수학적 체계를 완성한 슈뢰딩거는 물질파 이론에서 영감을 얻어 슈뢰딩거 방정식을 완성한다.

드 브로이의 위대한 업적의 탄생은 막스 플랑크의 위대한 업적의 탄생 모습과 유사한 부분이 있다. 드 브로이의 물질파 이론 역시 우연한 계기로 '얻어걸려' 탄생했다는 것이다. 프랑스 파리 대학에서 물리학 박사 과정을 밟고 있던 드 브로이는 다른 물리학자들과 어느 한 바^{Bar}에서 술을 마시고 있었다. 당시 그는 만취한 상태로 동료들과 '아인슈타인의 광양자설을 바탕으로 X선을 이야기하는 모리스 이론'을 이야기하고 있었는데, 그 순간 문득 섬광과 같은 생각이 드 브로이를 스쳤다. 만취한 상태로 드 브로이는 순식간에 플랑크의 양자화 개념과 아인슈타인의 특수 상대성 이론 공식을 조합한 물질파 공식을 유도하며, 바의 테이블보에 적었다. 다음 날 아침, 술에 깬 드 브로이는 그가 어제 테이블보에 적어둔 자신의 유도 공식이 생각이 났고, 그 내용을 되짚어보니 엄청난 생각이었음을 깨닫고 그 즉시 술집으로 달려가 테이블보의 내용을 옮겨 적었다고 한다.[32]

만취한 상태에서 유도한 드 브로이 관계식은 그대로 자신의 박사학위 논문에 적힌다. 그리고 그의 박사학위 논문을 단 세 장으로 완성했다. 수학 박사학위 논문도 아니고 물리학 논문이 세 장으로 구성되었다는 점, 입자로 알고 있었던 전자가 파동이라는 파격적인 주장을 했다는 점, 또한 논문에 철학적 담론의 내용이 많았다는 점에서 그의 지도 교수는 앞서 이야기한 것과 같이 드 브로이 논문을 평가하는 데 적잖이 당황했다고 한다. 하지만 그가 프랑스 공작 집안의 아들이었기에 교수는 쉽게 그의 논문을 반려할 수 없었고, 일종의 책임을 회피하기 위해 아인슈타인에게 논문 평가를 부탁하게 되었다. 이후, 다 알다시피 아인슈타인의 지지로 드 브로이는 박사학위를 받게 되고 뒤이어 노벨 물리학상까지 수상한다. 드 브로이의 논문은 노벨상 역사상 가장 짧고 간단한 논문이며, 박사학위 논문으로 노벨상을 받은 유일한 논문이다.

막스 플랑크와 드 브로이가 인류 역사를 바꾸는 위대한 과학적 업적을 이루는 과정을 보면 우연성과 영감의 중요성을 느낀다. 물론 플랑크와 드 브로이는 각자만의 노력과 고민을 했기에 위대한 과학적 업적을 이룰 수 있었겠지만, 그 위대한 일이 일어나는 결정적인 순간에 벌어지는 우연성—내 표현대로라면 '얻어걸림'—을 절대로 무시할 수 없다. 그들에게 찾아온 뇌리에 섬광과 같이 스치듯 찾아온 영감이 결국 그 일을 완성할 수 있도록 도왔다. 《과학 혁명의 구조》의 저자 토머스 S. 쿤은 합리성과 논리성으로 상징되는 과학이지만, 막상 과학 패러다임이 전환되는 시기의 과학은 그다지 과학적이지 않은 방식으로 발전함을 지적한다. 다시 말해 토머스 쿤은 합리적이고 논리적인 과정을 통해서 점진적 발전을 이룬 과학의 역사가 아닌, 변칙과 비체계적인 과학 혁명사를 이야기했다. 플랑크와 드 브로이에게 우연히 찾아온—논리적으로 설명하기 어렵고 합리적으로 따지기 어려운—영감은 토머스 쿤이 이야기한 변칙과 비체계적 과학 발전의 한 사례일 것이다.

학창 시절에 우리는 미래의 사회의 일원으로서 '노력'을 권장받았다. 그래서 자주 듣던 말 중 하나는 발명왕 토머스 에디슨의 명언 "99%의 노력과 1%의 영감"이란 말이다. 그래서 학창 시절 선생들은 우리의 노력을 권장하기 위해서 '99%의 노력'에 방점을 두며 에디슨 말을 인용했지만, 정작 에디슨이 방점을 둔 것은 99%의 노력이 아닌 '1%의 영감'이었다. 실제로 에디슨이 한 말은 "1%의 영감이 없으면 99%의 노력은 소용없다"다. 이처럼 플랑크와 드 브로이에게도 우연히 찾아온 1% 그 영감이 없었으면 그들의 위대한 업적이 완성되지 못했을 것이다. 물론 99%의 노력이 없으면 일의 완성은 없을 것이다. 그렇기에 노력이란 그 가치 자체를 부정해선 안 된다. 왜 우연과 같은 1%의 그 영감이 플랑크와 드 브로이를 찾아간 것인지는 모른다. 또한 1%의 영감을 얻는 방법 또한 합리적인 논리로 설명하기는 어려울 것이다. 다만 우리가 생각해 봐야 할 플랑크와 드 브로이의 영감에 대한 일화의 시사점은 세상이 변화하는 시점에 우리가 일반적으로 생각하는 합리성과 논리가 꼭 옳지 않을 수 있다는 것이다.

우리 모두가 플랑크와 드 브로이 같은 선구자가 되어 업적을 이루긴 어려울 것이며, 꼭 그들과 같은 사람이 될 필요는 없다. 하지만 세상 패러다임 변화 속에서 나만이 행할 수 있는 1%의 영감을 얻기 위해서, 내가 우선해야 할 일은 니체가 이야기한 것처럼 "익숙지 않은 것에 관한 호의"를 가지는 일이 먼저일지도 모른다.

III

코펜하겐에서 시작된 양자 혁명 : 새로운 세계관의 탄생

합리적이고 과학적이지만은 않은 과학 패러다임의 전환

여러 분야에서 패러다임Paradigm이란 단어를 많이 접해봤을 것이다. 그리고 패러다임이란 단어와 보통 함께 붙는 또 다른 단어는 바로 전환Shift으로 경제, 국제 정치, 산업, 그리고 과학 등 여러 분야에서 패러다임 전환Paradigm Shift이란 용어가 쓰이는 것을 쉬이 볼 수 있다. 그렇다면 우리가 일상에서 자주 사용하는 단어인 패러다임은 무슨 뜻일까? 여러 사전적 정의를 요약하자면 패러다임이란 일종의 '사고의 틀'이다. 어떤 한 시대를 살아가는 사람들이 세상을 인식하는 체계다.

패러다임이란 단어를 대중화시킨 장본인은 바로 과학철학의 고전 《과학혁명의 구조》를 쓴 토머스 S. 쿤이다. 토머스 쿤은 《과학혁명의 구조》에서 사용되는 패러다임이라는 단어가 너무나 많은 분야에서 여러 방식으로 쓰일 줄 예상하지 못했다고 한다.《과학혁명의 구조》가 1962년에 출판되기 전 패러다임이라는 단어는 대개 학자(전문가)들 사이에서 주로 사용되는 단어였다. 하지만《과학혁명의 구조》라는 책이 베스트셀러가 되어 대중들에게 널리 읽히자, 독자들이 패러다임이란 단어를 토머스 쿤이 의도했던 것보다 광범위한 의미로 사용하기 시작한 것이다. 토머스 쿤은 그의 다른 저서에서 회고하기를 "그 단어에 대한 통제권을 잃었다"라 토로할 정도였다.[33]

토머스 쿤은 패러다임이란 용어를 과학 발전사에서 매우 구체적이고 기술적인 의미로 사용했다. 그가 생각한 패러다임이란 특정 시기 과학자들이 공유하는 이론, 모델, 방법론 등 문제 해결 방식의 약속된 집합이었다. 즉, 과학적으로 어떤 문제를 해결해야 할 때, 그 문제를 해결하기 위한 가장 모범적인 접근법[범례範例, Exemplar]이 패러다임이란 의미였다. 그리고 그가 이야기하는 패러다임의 전환은 단순히 새로운 생각의 도입이나 단순한 변화의 혁신이 아닌 기존의 것과는 완전히 단절된 혁명과 같은 변화를 의미한다. 하지만 그의 책이 전 세계 대중들에게 읽히며 대성공을 거두자, 대중들은 좀 더 일반적이고 유연한 의미로 경영, 경제, 사회학, 교육 등 다양한 분야에서 패러다임이란 용어를 사용한다. 이때 대중들이 사용하는 패러다임은 생각의 '기본적인 틀',

'일반적인 사고방식'을 뜻하며, 새로운 생각의 도입과 그에 따른 크고 작은 변화와 혁신을 패러다임 전환으로 부르기 시작했다.

비록 대중들은 토머스 쿤의 의도와 다르게 좀 더 광범위한 의미로 패러다임이란 용어를 사용했지만, 패러다임을 일종의 '사고의 틀'로 이해하더라도 《과학혁명의 구조》에서 그가 이야기하는 바를 이해하는 데 큰 무리는 없다고 생각한다. 토머스 쿤은 과학혁명이 일어나기까지의 구조와 과정을 단계적으로 밝혔는데, 아래와 같이 간단히 네 가지 단계로 정리해 볼 수 있다.

과학혁명의 구조와 그 단계[14]

- 1단계: 정상과학의 시기
- 2단계: 변칙 현상 그리고 새로운 과학적 발견의 출현
- 3단계: 기존 패러다임의 위기와 새로운 과학 이론의 출현
- 4단계: 새로운 패러다임의 정착과 과학혁명의 완결

1단계 정상과학의 시기에는 기존 과학 세계의 생각 틀이 존재한다. 쿤은 정상과학 시기에 과학자들의 활동을 일종의 정답이 존재하는 풀이라 표현했다. 그 이유는 이 시기에 과학 문제를 대할 때 모든 과학자는 자신들이 공유하고 있는 세계관 안에 문제의 답이 있음을 가정하며, 그 답을 얻기 위해 합의된 일종의 풀이법이 존재하기 때문이다. 물론 기존 패러다임으로 해결되지 않는

문제가 몇몇 존재한다. 다만 이런 문제에 대해서 기존 과학자들은 무시하거나, 어떻게든 기존 패러다임으로 설명하는 노력을 한다. 양자역학 세계가 열리기 전 고전역학의 패러다임이 바로 1단계 정상과학 시기의 생각 틀이다. 그리고 고전역학 시기에는 빛을 파동이라 보는 관점이 패러다임이었기에 당시 과학자들은 흑체복사 문제 등을 지속적으로 파동적 관점에서 문제를 해결하려 했던 것이었다. 즉, 정상과학은 새로움을 추구하지 않으며, 기존의 지식을 더욱 명확하게 설명하는 데 그 목적이 있다.

2단계는 기존 패러다임에 반하는 변칙 현상이 발견되고 새로운 과학적 발견이 출현하는 시기다. 이러한 변칙 현상은 사실 1단계 과정에도 존재했다. 하지만 정상과학 시기에 과학자들은 변칙을 문제로 인식하질 않는다. 쿤은 변칙 현상이 기존 패러다임에 어긋난다는 사실이 인식되기까지 꽤 오랜 시간이 걸림을 이야기한다. 과학혁명이 일어나는 2단계 과정에선 기존 패러다임에 반하는 변칙을 변칙으로 인지하고 새로운 과학적 발견이 출현한다. 흑체복사 현상, 광전효과 현상이 바로 기존 패러다임과 반한 변칙 현상이며, 막스 플랑크와 아인슈타인은 이런 변칙을 인정하고 새로운 과학적 발견―빛 에너지의 양자화 개념과 빛의 이중성―을 한다.

3단계는 변칙 현상에 대한 과학적 발견이 이뤄진 이후 기존 패러다임에 대한 위기가 찾아오고, 새로운 과학적 발견을 설명하는 한 개 이상의 이론이 탄생한다. 아인슈타인에 의해 밝혀진 빛의 이중성은 이제 드 브로이를 통해서 모든 물질계에서도 이중성의 존재가 과학적 사실로 밝혀졌다. 이어서 과학자들은 물질이 왜 두 개의 상태로 존재하는지 과학적 설명을 할 의무가 있다. 거시 세계에서도 물론 물질은 파동성을 가지고 있지만, 그 크기가 매우 미미해 입자의 운동으로 물리량을 측정할 수 없다. 하지만 미시 세계에서 매우 작은 입자는 파동과 같이 움직인다. 이 미시 세계 물질의 운동을 과학적으로 설명하기 위해 코펜하겐 연구소의 보어, 하이젠베르크 등 연구자들이 등장한다. 양자역학이라는 새로운 패러다임을 수립한 이들을 우리는 코펜하겐 학파라 부른다.

4단계에서는 새로운 패러다임이 새로운 정상과학이 되어 과학혁명이 완성된다. 3단계를 거쳐 4단계로 가는 과정에서 변칙 현상을 과학적으로 설명하는 새로운 이론들과 기존 패러다임 간 경쟁이 일어난다. 그리고 경쟁을 통해서 새로운 과학 패러다임이 등장하게 되는데 쿤은 패러다임이 전환되는 과정이 합리적이지 않음을 지적한다. 그 이유는 바로 과학자들이 새로운 패러다임을 지지하고 선택하는 과정이 객관적이지만은 않고 주관적인 요소—당시 심리적, 사회적, 역사적 요인 등—에 좌우되기 때문이다. 또한 쿤은 패러다임 전환의 과정은 일종의 정치적인 투쟁을 내포한다고 이야기한다. 새로운 이론을 지지하는 과학자들은 대체로 젊은 세대의 과학자이고 그 반대 세력은 기존 정상과학 시대의 나이가 든 주류 과학자들이다. 이 두 집단 간 경쟁은 과학적인 객관적 자료를 토대로 논쟁을 하기도 하지만 그 바탕에는 사회적, 심리적, 권력적 경쟁이 자리 잡고 있다는 것이다. 코펜하겐 학파의 양자역학 해석이 새로운 패러다임으로 자리 잡는 과정에서도 젊은 과학자 그룹의 코펜하겐 학파와 중장년 과학자 아인슈타인 간 매우 격한 과학적 논쟁이 이뤄졌다. 코펜하겐 학파는 아인슈타인의 반박을 성공적으로 방어한 결과 새로운 양자역학 패러다임을 완성한다. 코펜하겐 학파와 아인슈타인의 논쟁은 과학적 논쟁이었지만, 논쟁의 치열함, 새로운 이론과 기존 패러다임에 대한 신념 그리고 세대 간 대립 구도 등을 고려했을 때, 두 그룹 간 논쟁은 일종의 정치적 투쟁의 모습과 유사하다고 볼 수 있을 것 같다.

이 책의 2장 〈빛과 물질의 이중생활: 양자역학의 수수께끼〉의 지금까지 설명은 토머스 쿤의 《과학혁명의 구조》의 단계에서 1단계와 2단계에 해당하는 부분이었다. 이어서 미시 세계 물질의 운동을 과학적으로 설명하는 이론이 탄생하는 3단계와 그 이론이 새로운 패러다임으로 잡기까지 4단계에 해당하는 이야기를 3장에서 해보겠다.

주사위 던지기의 신, 확률로 지배되는 미시 세계

물질의 이중성이란 판이 깔렸다. 기존 패러다임에 변칙 현상이 인지되었으며 새로운 과학적 설명이 탄생했다. 이제 도대체 이 물질의 이중성이 왜 보이는지 과학적 설명 혹은 해석이 필요하다. 그렇다면 코펜하겐 학파가 설명하는 양자역학 패러다임은 물질의 이중성을 어떻게 설명할까? 그들의 답은 바로 "알 수 없다"다. '아직은' 일지 혹은 '앞으로도' 일진 모르지만, 지금의 현대 과학은 물질세계, 특히 미시 물질세계에서 극명해지는 물질의 이중성이 왜 나타나는지 설명하지 못한다. 물질의 이중성이 왜 나타나는지 양자역학이 과학적으로 설명하지 못한다는 점에 대해서 누군가는 이런 의문이 들 수 있다.

"물질의 이중성을 과학적으로 설명하지 못하는데, 어떻게 과학이란 학문으로 불리는가?"

그렇다. 오늘날 양자역학은 물질 이중성이 왜 나타나는지 그 자체를 설명하진 못한다. 하지만 미시 세계 입자가 파동과 같이 움직이는 현상을 수학적으로 정확히 설명한다. 양자역학은 물질의 이중성 그 자체를 과학적으로 설명하지 못하지만, 이중성 현상을 설명하는 수학적 공리 체계(이론)를 가지고 있다. 그러므로 양자역학은 학문으로서 인정될 수 있는 요건을 갖추게 된다. 양자역학이 정립되는 과정에서 미시 세계 물질의 운동을 설명하는 수학적 이론이 나오고 난 다음 그 현상에 대한 해석들이 나왔으며 그중 하나의 패러다임이 자리를 잡게 된 것이다.

지금의 양자역학 패러다임을 수립한 코펜하겐 학파는 이야기한다. 전자 등 미시 세계 물질의 존재를 확인할 방법은 없다. 하지만 존재가 남긴 흔적을 알 수 있고, 그 흔적을 수학적으로 측정하여 존재의 모습을 확률적으로만 알 수 있다. 그리고 코펜하겐 학파는 다소 거칠게 "양자역학은 완전하니, 닥치고 계산이나 하라!"고 이야기한다.[35] 카이스트KAIST 교수이자 실험 물리학자 김갑진은 모 강의에서 위와 같은 코펜하겐 해석에 대해 한편으로 '비겁하다'란 평가를 남겼다.[36]

"입자와 파동의 상태가 동시에 존재한다. 하지만 측정할 순 없다. 관측하면 결괏값이 나오는데, 관측 이전의 모습은 우리가 측정할 수 없으니, '왜 이중성이 나타나는가?' 질문은 하지 마."

김갑진은 코펜하겐 학파 물질의 이중성에 관한 입장 요약하기를 위와 같이 요약했는데, 이중성의 그 상태를 측정할 수 없으니 그런 질문은 하지 말라는 태도가—왜 측정할 수 없는지 이유는 알지만—어떤 면에선 비겁하게 보인다는 것이다. 이중성에 대한 근본적인 과학적 설명은 못 하지만 오늘날의 양자역학은 정확히 전자 등 미시 세계 물질의 움직임을 수학적으로 설명할 수 있다. 수학적으로 설명할 수 있다는 것은 전자의 움직임을 예측할 수 있다는 뜻이다. 다만 그 예측은 확률 관점에서 예측이다. 전자의 운동을 이해하고 제어할 수 있게 되면서, 컴퓨터와 같은 기계를 작동시킬 수 있게 되었다. 즉, 우리는 물질의 이중성을 근본적으로 이해하지 못하지만, 그 힘을 사용할 수 있다. 이런 이유에서인지 1969년 노벨 물리학상을 받은 머리 겔만 Murray Gell-Mann은 "양자역학은 우리 중 그 누구도 제대로 이해하지 못하지만, 우리가 사용할 줄 아는 신비하고 당혹스러운 학문이다"라고 이야기했는지도 모르겠다.

양자역학의 수학적 체계를 완성한 두 사람이 있다. 행렬역학을 통해서 양자 세계를 설명한 하이젠베르크와 파동 방정식을 통해 양자 세계를 설명한 슈뢰딩거다. 또 하이젠베르크는 행렬역학과 함께 양자역학의 기본 원리인 불확정성 원리를 제안했다. 하이젠베르크의 불확정성 원리에 대해서 알아보자.

도깨비와 같은 전자

하이젠베르크의 불확정성 원리를 이야기하기에 앞서 우선 입자가 파동과 같이 움직이는 모습을 살펴볼 필요가 있다. 그리고 미시 세계 물질의 이중성을 잘 보여주는 실험은 바로 이중 슬릿 Double slit 실험이다. 참고로 이중 슬릿 실험에서 보이는 전자의 모습은 이후 원자 모형을 통해서 다시 살펴볼 것이다.

이중 슬릿 실험을 위해서는 우선 전자 하나하나가 방해받지 않도록 진공 상태를 만든다. 그리고 전자총을 이용해 전자를 한 번에 하나씩 쏜다. 전자가 향하는 방향에는 얇은 판이 놓여 있고, 그 판에는 좁은 틈 두 개가 나 있다. 이중 슬릿이다. 이 틈을 통과한 전자들은 그 뒤에 있는 스크린에 부딪히며 하나씩 점을 남긴다.

우리가 일상적으로 입자를 상상할 때 떠올리는 그림은 명확하다. 마치 작은 총알처럼, 전자는 한쪽 슬릿을 선택해 통과하고, 그 결과로 두 개의 선 모양 자국이 스크린에 생긴다고 생각하게 된다. 마치 총알 수백 발을 두 개의 창 사이로 쏜다면, 벽 뒤에는 뚜렷한 자국 두 개가 남을 것이라는, 매우 자연스럽고 직관적인 상상이 가능하다.

실제로 실험을 처음 접하는 사람이라면 대부분 이러한 모습을 기대한다. 전자는 작지만 분명한 '입자'고, 입자는 어떤 경로를 따라 움직이다가 장애물을 만나면 튕기거나, 틈이 있다면 사이를 지나간다고 생각하기 때문이다. 전자가 어디를 지나갔는지 알 수 없더라도, 어쨌든 둘 중 하나의 틈을 선택해 지나갈 거라고 상상하는 게 훨씬 자연스럽게 느껴진다.

우리의 예상과 달리, 이중 슬릿 실험에서 전자는 입자처럼 움직이지 않는다. 입자인 전자는 이중 슬릿을 지날 때 두 개의 구멍 중 한 곳을 지나는 것이 아니라 파동으로 동시에 지나간다. 또 이중 슬릿을 지난 전자는 다시 파동과 같이 움직이며 스크린 뒤에 여러 개의 간섭무늬 상을 맺는다. 하지만 전자는 분명 입자다. 그런데 입자가 어떻게 파동과 같이 움직인다는 것인가? 입자인 전자 한 개가 이중 슬릿을 지날 때 동시에 지난다니 이것은 또 무슨 소리인가?

과학자들은 전자총에서 발사된 전자 한 개가 어떻게 이중 슬릿을 통과하는지 관찰하기 위해서 검출기^{Detector}를 설치한다. 이어서 다시 과학자들은 관찰한다. 파동과 같이 움직인 전자가 이번에는 입자의 운동을 한다. 우리가 생각하는 입자처럼 전자 한 개는 이중 슬릿 두 개의 틈 중 한 곳을 지나고 스크린 뒤에는 두 개의 무늬가 생긴다. 그저 전자의 운동 모습을 관찰하기 위해서 검출기 하나를 달았을 뿐인데 파동과 같이 움직이던 전자가 갑자기 입자의 운동을 한다. 이는 또 무슨 경우란 말인가? 이처럼 '입자인 전자가 파동같이 움직이는 것이며', '파동으로 움직이던 전자가 갑자기 검출기 하나 달았다고 입자로 움직이는 모습'을 보자면 정

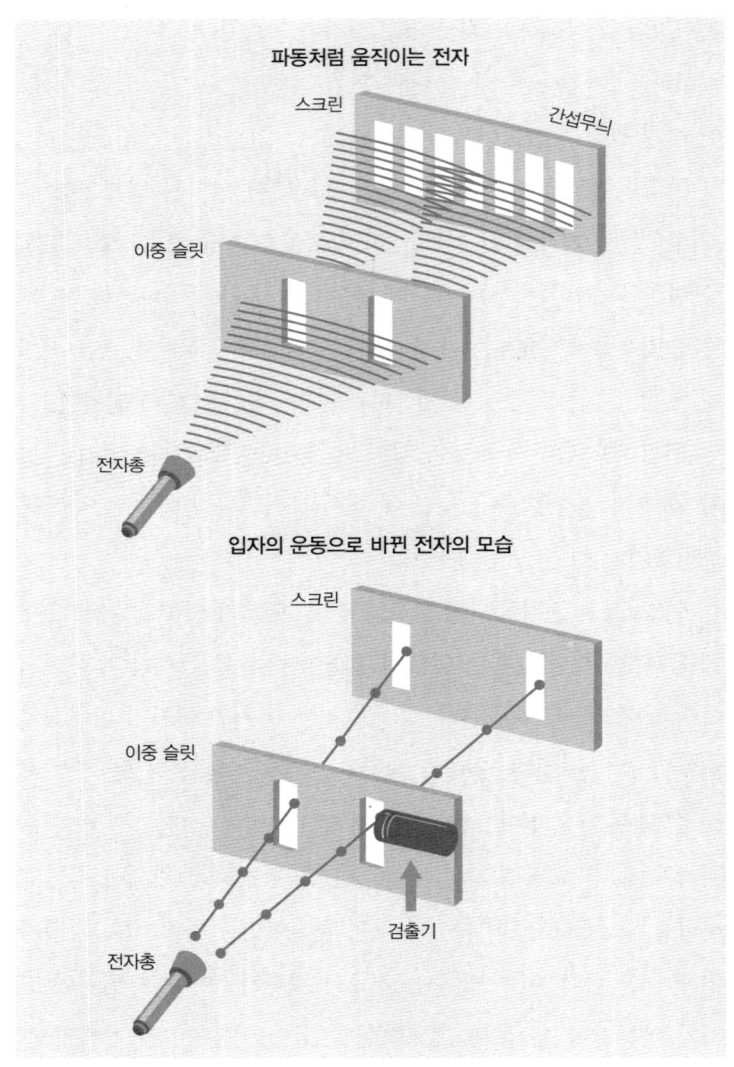

[그림 3-1] 이중 슬릿 실험: 관측 전과 후, 달라지는 전자의 움직임

말 눈앞에서 도깨비를 본 것처럼 소스라치게 놀라게 된다. 그리고 미시 세계를 연구한 코펜하겐 학파 과학자들은 전자가 도깨비와 같은 모습을 보이는 이중 슬릿 실험에 대한 해석을 제시한다.

양자 중첩은 무엇인가?

이중 슬릿 실험의 간섭무늬가 생기기 위해선 두 개 이상의 파동이 서로 간섭해야 한다. 파동이 간섭한다는 의미는 두 개 이상의 파동이 서로 겹칠 때, 그들의 진폭이 결합하여 새로운 파동 패턴을 형성하는 현상을 뜻한다. 하지만 과학자들은 이중 슬릿 실험에서 분명 한 개의 전자를 하나씩 쐈다. 그런데 어떻게 한 개의 전자가 간섭무늬를 만들 수 있는 것인가? 코펜하겐 학파는 이중 슬릿 실험에서 전자가 간섭무늬를 그릴 수 있는 이유를 '양자 중첩Quantum Superposition'이라는 개념을 도입해서 설명한다.

양자 중첩은 여러 상태가 중첩되었다는 뜻이다. 전자는 관측되기 전까지 확률적으로 존재할 수 있는 모든 위치에 존재(중첩)하다가, 관측되는 순간 하나의 특정한 위치로 확정된다.[37] 즉, 전자는 관측되기 전까지 그 존재가 실재하지 않고, 각각의 위치에 있을 가능성(확률)이 중첩되어 있다.[38] 중첩 상태에 있는 전자는 동시에 두 개 이상의 구멍을 동시에 지날 수 있으며[39], 동시에 이중 슬릿

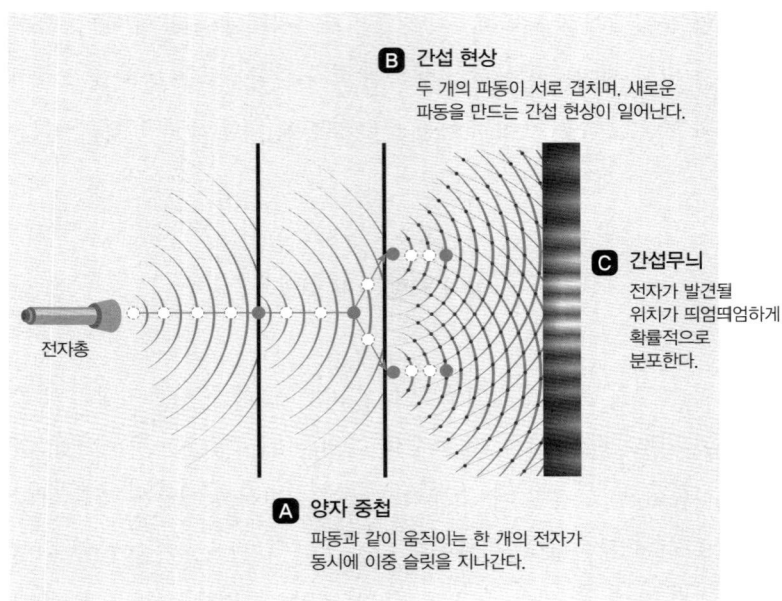

[그림 3-2] 이중 슬릿 실험: 양자 중첩과 간섭 현상이 일어나는 모습
출처: 자바실험실(Javalab.org) 참조 편집

을 중첩 상태로 통과한 전자는 서로 간섭하는 파동처럼 행동하여 그 결과 스크린에 간섭무늬를 그린다. 요약하자면, 전자총에서 하나씩 쏜 전자 하나가 이중 슬릿을 거쳐 스크린에 간섭무늬를 형성하는 결과는, 전자가 중첩 상태에서 파동처럼 움직인다고 볼 수밖에 없다는 것이 코펜하겐 학파의 해석이다. 양자 중첩의 개념은 이후 양자컴퓨터 개발에 활용되는 개념이니 잘 기억해 두자.

입자인 전자가 파동과 같이 움직이며 스크린에 그리는 간섭무늬는 전자가 관측되기 전 존재할 수 있는 확률 분포를 의미한다. 이 간섭무늬는 파동의 모습으로 시각화할 수 있다. 그림에서 보이는 것과 같이 중간 부분에 전자가 존재할 확률이 가장 높고, 중간에서 멀어질수록 전자가 발견될 확률이 낮아진다.[40] 유의할 점은, 전자가 특정한 위치에 있으나 우리가 그 위치를 정확히 모른다는 뜻이 아니다.[41] 전자는 간섭무늬(파동) 어떤 위치에도 다 존재할 가능성이 있을 뿐이지 관측하기 전까진 우리가 알 수 없다는 뜻이다. 우리는 관측하기 전까지 전자가 어디에 있을 거라는 확정적인 생각을 할 수 없다. 전자는 오직 관측할 때만 자신의 모습을 드러낸다.[42] 그렇다면 이어서 전자가 관측되면 파동의 변화가 어떻게 바뀌는지 살펴보자.

이중 슬릿 실험 장치에 검출기를 설치하고 전자의 모습을 관측하는 순간, 전자는 입자처럼 행동한다. 파동처럼 움직이던 전자가 입자처럼 행동한다는 것은 전자가 관측되는 순간 다른 곳에 존재할 확률이 0으로 수렴하고, 특정한 위치에서 실재하게 된다는 것이다. [그림 3-3]을 통해서 '관측 전'과 '관측 후'를 보면 관측 전에는 파동과 같이 확률적으로 여기저기 존재하던 전자는, 관측 후에는 파동이 수축(붕괴)하여 하나의 위치로 결정된다.

이중 슬릿 실험에서 보듯, 전자는 오직 관측할 때만 자신의 모습을 드러낸다. 그렇다면 우리는 왜 전자의 위치를 관측하기 전에는 알 수 없고, 관측한 이후에야 정확히 알 수 있는가? 혹은 왜

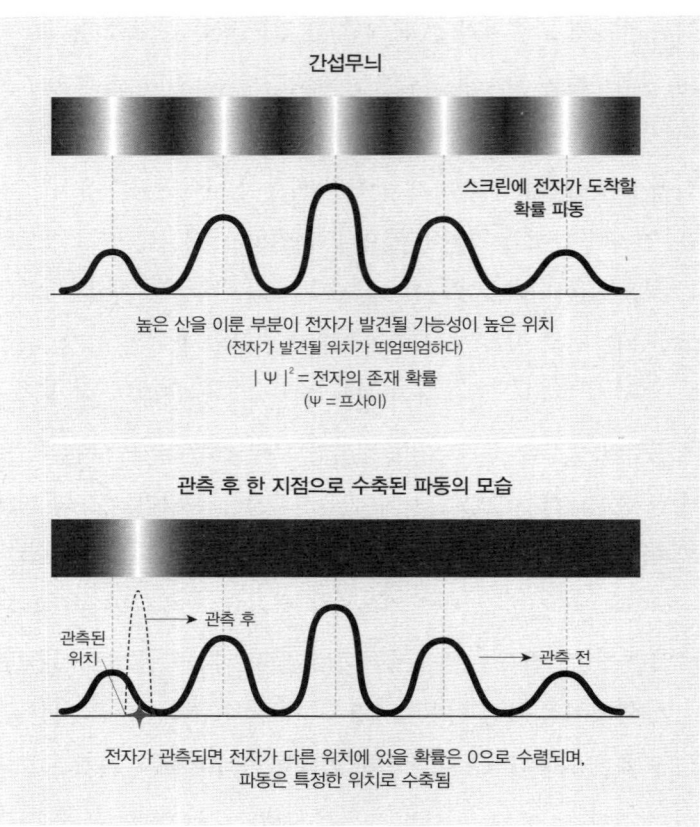

[그림 3-3] 이중 슬릿 실험 전자 관측 전과 후 무늬 모습 비교

출처: 요비노리 다쿠미, 《과학은 어렵지만 양자역학은 알고 싶어》, 75, 78쪽 참조 편집

전자의 위치를 알기 위해서 확률적으로밖에 접근할 수 없는가?
 이 질문에 대한 답은 양자역학의 또 다른 핵심 개념, 바로 하이젠베르크의 '불확정성 원리'와 연결된다. 이중 슬릿 실험에서는 관측 이전 전자의 위치(경로)가 확률적으로만 기술될 수 있다는 점이 잘 드러나지만, 하이젠베르크는 이 현상이 단지 전자의 경로에만 국한되지 않으며, 전자의 위치와 운동량 같은 모든 물리량에도 똑같이 나타난다고 보았다.

하이젠베르크의 불확정성 원리

고전역학이 지배하는 거시 세계에서는 입자의 위치와 운동량을 동시에 정확히 알 수 있으며, 이 두 값을 주면, 입자의 모든 운동 경로를 수학적으로 결정할 수 있다. 다시 말해, 고전 세계에서는 이론적으로 물리적 상태를 완전히 기술하고 예측하는 데 아무런 불확실성이 존재하지 않는다. 하지만, 극미한 미시 세계에서는 입자의 물리량인 위치와 운동량(속도)을 동시에 알 수 없다. 전자의 위치를 정밀하게 알 수 있을수록 운동량은 흐려지고, 운동량을 정확히 측정하려 하면 위치는 모호해진다는 뜻이다. 하이젠베르크는 이런 양자 세계의 모습을 설명하기 위해서 불확정성 원리를 제안하며, 우리가 미시 세계 물질의 위치와 운동량을 동시에 측정할 수 없다고 말했다.

이어서 질문이 이어진다. 하이젠베르크는 왜 미시 세계 물질의 위치와 운동량을 동시에 알 수 없다고 한 것인가? 하이젠베르크

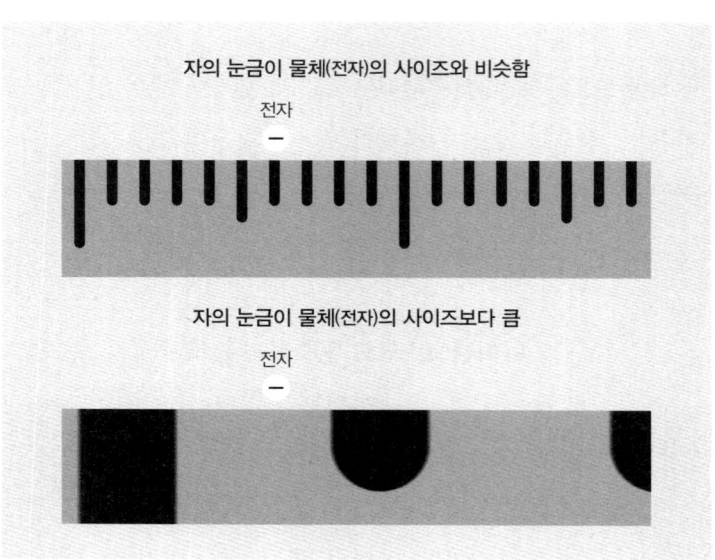

[그림 3-4] 자의 비유, 전자를 만약 자를 가지고 측정한다면?

출처: 고중숙, 《문과생도 이해하는 E = mc²》, '불확정성 원리의 유도-자의 비유', 393쪽 참조 편집

는 이 질문에 답하기 위해 '감마선 현미경'이라는 하나의 사고 실험을 소개한다. 그리고 그 사고실험을 쉽게 이해하기 위해서, '자Ruler의 비유' 방식으로 설명하겠다.

전자의 위치를 파악하기 위해선 빛(혹은 전자)을 이용한다. 여기서 빛의 역할은 일종의 자Ruler와 같다. 우리가 일상생활에서 물체의 크기를 측정할 때 자를 이용한다. [그림 3-4]에서 보여주는 것과 같이 물체의 크기를 정확하게 측정하려면 자의 눈금과 물체의 크기가 비슷해야 한다.[43] 반면 자의 눈금이 물체의 크기보다

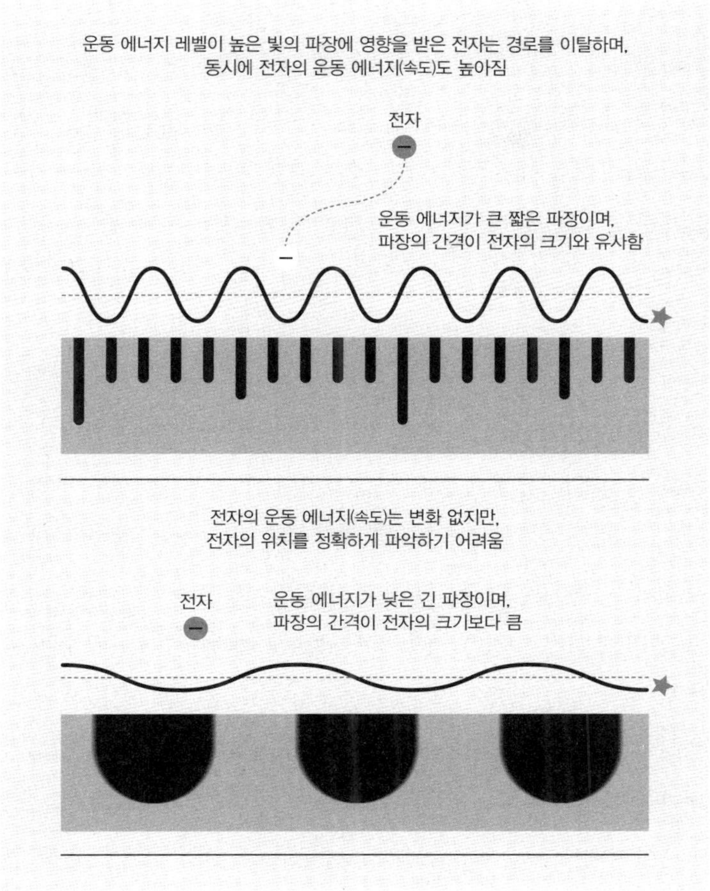

운동 에너지 레벨이 높은 빛의 파장에 영향을 받은 전자는 경로를 이탈하며,
동시에 전자의 운동 에너지(속도)도 높아짐

전자

운동 에너지가 큰 짧은 파장이며,
파장의 간격이 전자의 크기와 유사함

전자의 운동 에너지(속도)는 변화 없지만,
전자의 위치를 정확하게 파악하기 어려움

전자   운동 에너지가 낮은 긴 파장이며,
파장의 간격이 전자의 크기보다 큼

[그림 3-5] **전자의 위치를 파악하기 위해 빛을 이용하는 경우**

클 경우, 측정치의 불확실성이 커져, 물체의 크기를 정확하게 측정할 수 없다.

자의 비유와 같이 원자 속 전자의 위치(거리)를 빛을 이용해서 파악한다고 했을 때, 빛의 파장은 일종의 자의 눈금에 해당한다. 빛의 파장으로 물체의 크기를 측정하는 개념은 전자 현미경을 통해서 바이러스 등을 관찰하는 것과 같은 원리다. 하지만 여기서 문제는 2장을 시작하면서 이야기한 것과 같이 전자 등 미시 세계 물질의 그 크기와 무게가 매우 극단적으로 작고 가볍다는 것이다. 극히 작은 크기의 전자 위치를 측정하기 위해선 전자의 크기와 비슷한 파장의 빛이 필요하다. 그러나 빛의 파장이 짧을수록 빛의 운동 에너지는 높아진다. 그리하여 극히 작은 전자의 위치를 측정하기 위해서 짧은 파장을 이용할 경우, 그 질량이 너무나도 가벼운 전자는 높은 운동 에너지를 가진 빛에 영향을 받아 관측되는 순간 다른 경로로 튕겨 나간다. 즉, 정확한 전자의 위치를 알려고 하는 순간 전자의 운동량(속도)이 변한다. 이번에는 반대로 파장이 긴 빛을 이용한다. 파장이 긴 빛은 비교적 낮은 운동 에너지를 가진다. 하지만 파장의 길이가 전자의 크기보다 길어져 전자의 위치가 부정확해진다.

하이젠베르크의 사고 실험이 보여주는 것처럼 우리가 관측 장비를 통해서 미시 세계를 들여다보려는 행위 자체가 관측 대상에 영향을 주어 실험 결과를 교란한다. 위치의 정확성을 높이면 속도가 크게 변화하는 등, 한 가지 물리량의 정확도를 높이면 다른 물리량의 정확도는 낮아진다. 그렇기에 하이젠베르크는 미시 물질세계에서 물질의 운동을 확인하려면 확률적으로 접근할 수밖에 없다고 주장한다.[44] 또한 그는 위치와 속도의 물리량을 확실하게 알 수 없는 불확정성은 정확하게 관측할 수 있는 장비가 아직은 부재해서 발생하는 일이 아닌, 미시 물질세계의 본질적인 특성이라고 주장한다.[45] 그리고 미시 물질세계의 불확정성 원리는 행렬역학과 파동 방정식을 통해서 수학적 원리로 그 특성이 뒷받침됨에 따라 양자역학의 핵심 원리로 자리 잡게 된다.

슈뢰딩거 고양이, 도대체 무엇이 문제인가?

알베르트 아인슈타인과 에르빈 슈뢰딩거는 코펜하겐 학파의 해석이 마음에 들지 않았다. 인과율이 지배하던 과학 세계에 확률의 개념을 도입한 것도 마음에 들지 않고, 미시 물질세계와 거시 물질세계가 나뉜 듯 보이는 점도 마음이 편하지 않다. 또한 전자 등 미시 세계 물질은 관측하기 전까진 실재하지 않다는 모호성을 물리학에서 용인하는 것 역시도 참을 수 없다. 그래서 아인슈타인과 슈뢰딩거는 코펜하겐 학파와 전쟁과 같은 논쟁을 펼친다. 두 인물 다 코펜하겐 학파와 대립각을 세웠지만, 코펜하겐 학파에 대한 그들의 도전으로 양자역학 체계는 좀 더 공고해질 수 있었다.

여기서 사실 슈뢰딩거는 무심한 척하지만 알고 보니 뒤에선 잘 챙겨주는 그런 유형의 인물과 같다. 물론 일종의 결과론적인 해석이다. 코펜하겐 학파에 쌀쌀맞고 인정 없어 보이나, 실제로는 양자역학 체계가 수립되는 데 핵심적인 공헌을 한다. 그중 한 가지는 양자 세계를 수학적으로 설명할 수 있는 파동 방정식을 만들었다는 것이다. 다른 하나는 슈뢰딩거의 고양이 사고 실험을 통해서 미시 물질세계에서 보이는 과학적 사실이 우리의 세계에서 의미하는 바가 무엇인지 고민하게 만들고, 그 해석의 깊이와 다양성을 넓혔다는 점이다.

슈뢰딩거의 고양이,
사고 실험에서 고양이가 이용된 목적

슈뢰딩거 고양이 사고 실험은 원래 코펜하겐 학파의 양자 중첩 해석과 확률적 접근을 비판하기 위해 슈뢰딩거가 고안한 사고 실험이다.[46] 하지만 슈뢰딩거의 의도와 다르게 그의 사고 실험은 양자 세계에 대한 우리의 관점을 넓혔다. 그리고 슈뢰딩거의 고양이 사고 실험은 다음과 같다.[47]

뚜껑이 있는 큰 상자 하나를 준비한다. 뚜껑을 덮으면 그 안을 절대로 볼 수 없다. 뚜껑을 덮기 전 상자 안에 반감기가 한 시간

슈뢰딩거 고양이 사고 실험 상자

[그림 3-6] 슈뢰딩거 고양이 사고 실험: 고양이는 살아 있는가? 죽었는가?

인 방사성 원자 한 개와 방사선 감지기를 설치한다. 감지기에는 독가스 분출기를 연결하여 방사선이 검출되면 상자 안에 독가스를 분사하도록 장치를 설치한다. 그리고 상자 안에 고양이 한 마리를 넣은 후, 뚜껑을 닫는다. 이제 실험의 준비는 끝났다.

여기서 핵심은 '반감기 한 시간'이라는 방사성 원자의 성질이다. 반감기란, 동일한 원자 집단에서 절반이 붕괴하는 데 걸리는 평균 시간을 말한다. 즉, 수많은 원자가 있을 때 한 시간 후 그 절반이 방사선을 방출하며 붕괴한다는 것이지, 개별 원자가 정확히 한 시간 후 붕괴한다고 보장할 수는 없다. 실험에 사용된 단 하나의 방사성 원자가 한 시간 뒤에 붕괴할 확률은 50%다. 마찬가지로, 붕괴하지 않을 확률도 50%다. 뚜껑이 닫힌 채로 한 시간이 지나면, 방사성 원자가 붕괴했는지 아닌지에 따라 고양이의 운명도 달라진다. 붕괴했다면 감지기가 반응해 독가스를 방출하고, 고양이는 죽는다. 붕괴하지 않았다면 고양이는 살아 있다.

또한 여기서 한 가지 짚고 넘어가야 할 것은 양자역학에서는 이 상황을 단순한 확률로 보지 않는다. 방사성 원자는 관측되지 않는 한 '붕괴한 상태'와 '붕괴하지 않은 상태'가 동시에 존재하는 양자 중첩 상태에 놓인다. 이것은 우리가 결과를 모르기 때문이 아니라, 관측 이전에는 실제로 두 상태가 물리적으로 공존하는 상태라는 의미다. 이러한 중첩 개념은 고양이에게도 영향을 미친다. 고양이의 생사는 원자의 상태에 의존하기 때문에, 이론적으로는 고양이 또한 '살아 있는 상태'와 '죽은 상태'가 중첩된 상태에 있다고 봐야 한다. 하지만 고양이는 명백히 거시 세계의 존재다. 그렇다면 이런 중첩 상태가 거시 세계에도 그대로 적용되는 것이 가능한가? 물론 코펜하겐 해석은, 관측이 이뤄지기 전까지는 고양이조차도 중첩 상태에 있다고 주장한다.

그러나 슈뢰딩거는 사고 실험에서 바로 이 지점을 비판적으로 짚어낸다. 그는 이 사고 실험을 통해 미시 세계와 거시 세계를 하나의 세계—시스템—로 연결함으로써, 코펜하겐 해석이 지닌 중첩 상태 해석의 모순을 드러내고자 했다. 중첩 상태라는 양자 개념을 거시 세계까지 적용할 때 '살아 있으면서 동시에 죽어 있는 고양이'라는 직관적으로 받아들이기 어려운 결론에 도달하게 된다. 즉, 슈뢰딩거는 양자역학 중첩 개념을 거시 세계에 그대로 적용하면 발생하는 모순을 지적하며, 이론의 해석적 불완전성을 드러내고자 했다. 참고로 이 사고 실험의 대상은 반드시 고양이일 필요는 없다. 강아지여도 무방하다. 중요한 것은 거시 세계의 생명체라는 점이다.

정리하자면, 고양이가 실제로 죽었는지 살았는지는 중요하지 않다. 또한 사고 실험이기 때문에 결론이 날 수도 없다. 슈뢰딩거가 강조한 것은, 미시 세계에서 통용되는 해석이 거시 세계로는 자연스럽게 이어지지 않는다는 점이었다. 또 슈뢰딩거의 고양이는 우리에게 다음과 같은 질문으로 이어진다.

"양자역학과 고전역학의 경계는 어디인가? 그리고 거시 세계에는 왜 미시 세계 물질 운동의 모습이 보이지 않는가? 또한 관측이란 무엇인가?"

이제 코펜하겐 해석은 슈뢰딩거의 고양이 사고 실험에서 묻는 말에 답할 차례다. 우선 "양자역학과 고전역학의 경계는 어디인가?"에 대한 답은, 앞서 2장을 시작하면서 이야기했지만, 양자역학과 고전역학의 경계, 즉 어디서부터 미시 세계이고 어디서부터 거시 세계인지 우린 아직 모르며, 그 경계를 확인해 보려는 여러 실험 물리학자들의 노력이 있을 뿐이다일 것이다.

거시 세계에서 양자 세계의 모습이 보이지 않는 이유, 결어긋남

이어서 "왜 거시 세계에서는 양자 세계의 모습이 보이지 않는가?"를 생각해 보자. 이 질문은 "관측하면 왜 중첩된 파동성이 붕괴하여 하나의 상태로 고정되는가?"라는 질문과 맞닿아 있다. 초창기 코펜하겐 해석은 관측이 '극미한 미시 입자를 교란시켜 중첩된 상태를 깨뜨린다'라고 설명했다. 이후, 코펜하겐 해석을 계승한 후대 물리학자들은 '결어긋남Decoherence'이란 개념을 제시한다. 결어긋남이란 개념은 파동성에 입각한 답변으로, 이중 슬릿 실험 스크린에 간섭무늬 그릴 수 있었던 이유는 파동 간 나아가는 방향과 파장의 크기가 비슷했기 때문이다. 움직이는 방향과 파장의 크기가 유사한 두 개 이상의 파동이 만났을 때 두 파동은 결이 맞기 때문에 그 형태가 어그러지지 않는다. 결이 맞는 파동이 합해지면 보강 간섭이 일어나 파동은 그 형태가 더 명확해진다. 이런 파동의 특성을 두고 '결맞음Coherence'이라 한다.

반대로 파장의 크기가 비슷하더라도 움직이는 방향이 서로 다른 파동이 만나게 되면 파동은 흐트러진다. 이런 현상을 '결어긋남'이라 한다. 다시 말해, 미시 세계에서는 파동의 결이 일정해 간섭무늬를 만들지만, 거시 세계에서는 주변 환경과의 수많은 '상호작용'으로 파동의 결이 어긋나면서 간섭이 사라진다는 것이다.

'관측자의 의지'와 '다세계' 해석

'결어긋남' 해석과는 다른 관점도 있다. 관측자의 의식이 양자 세계의 결과에 영향을 미칠 수 있다는 주장이다.[48] 1963년 노벨 물리학상 수상자인 물리학자 유진 위그너는 관측자의 의식이 물리적 측정 결과에 영향을 미칠 수 있다고 주장하며, 의식과 관측 간 관계를 탐구했다.[49] 1961년 〈의식과 물질에 대한 단상Remarks on the Mind-Body Question〉에서 그는 양자역학에서 물리 시스템은 관측되기 전까지 확률적으로 존재하는데, 이 관측이 일어나기 위해선 '의식 있는 관찰자'가 필요함을 역설한다. 즉, 관측자의 의식이 중첩된 가능성 중 하나가 현실로 정해지는 데 영향을 미칠 수 있다는 것이다.

또한 관련해서 1957년 미국 물리학자 휴 에버렛Hugh Everett의 '다세계Many Worlds Interpretation 해석'도 살펴볼 만하다. 다세계 해석은 우리가 요즘 공상과학 및 판타지 소재의 영화 콘텐츠에서 쉽게 볼 수 있는 일종의 '다중 우주론Multi-universe'으로 생각할 수 있다.[50] 다세계 해석은 전자를 관측할 때마다 우주는 둘로 나뉜다. 지금 관측된 전자는 특정한 위치에 발견된 입자고, 다른 우주에서 전자는 다른 상태로 존재한다. 그 다른 우주에서도 전자가 다시 관측되면, 그 결과에 따라 또 다른 우주가 갈라진다. 즉, 관측할 때마다 우주가 나뉜다. 다세계 해석이 물리학자들의 호감을 사는 부분은 양자역학에서 논란이 되는 '관측'의 문제를 고려치 않고 양자 세계를 해석한다는 점이라 한다.[51] 파동이냐 입자냐는 고려없이 관측되는 순간 우주가 둘로 나뉜다고 생각하면 된다는 것이다.[52]

물질의 기본 단위인 원자 세계에서 우주가 관측에 따라 둘로 갈리면, 거시 세계에서 내가 하는 수많은 관측마다 또 다른 우주가 생겨난다는 뜻일까? 나 혼자만의 관측도 그렇거니와, 부모님의 관측, 친구의 관측, 전 세계 80억 인구의 관측이 서로 얽혀 있다면, 그 모든 관측의 상호작용으로 인해 생겨나는 우주를 어떻게 설명할 수 있을까? 인간만의 문제도 아니다. 동물들 또한 관측한다. 그렇다면 이 우주는 도대체 몇 개의 우주인가? 그리고 나란 존재는 과연 무엇인가? 우주와 자연이 아무리 복잡하다지만, 다세계 해석이 그리는 세계는 과학적으로나 철학적으로나 난해하기만 하다. 과학적 '해석'에 내가 괜한 딴죽을 거는지도 모르겠다.

다시 양자 과학 이야기로 돌아와서, 에버렛의 다세계 해석이 나온 초기엔 과학자들 사이에서 그다지 관심을 받지 못했다고 한다.[53] 다만 다세계 이론이 대중들에게 알려지기 시작하고 주목을 받자, 영화 등 콘텐츠에 접목되며 더 많은 대중이 다세계 이론에 관심을 두게 된다.[54] 김상욱은 그의 저서에서 "사실 다중 우주는 학계에서 위상보다 대중에게 너무 널리 알려진 느낌이다"라 평가했다.[55]

사람의 의지가 관측에 영향을 주어 미시 세계 입자가 실재한다는 '해석'이나 다세계 '해석'은 아직 과학적 실험을 통해서 입증되고 수리적 체계를 통해서 설명할 수 있는 과학적 주요 패러다임은 아니다. 하지만 최소한 두 해석이 양자 세계의 철학적 이해와 담론의 깊이를 넓혔다는 것에 큰 의의는 있다. 또한 두 내용이 앞으로 과학적으로 입증될 수 있을지 아닐지 그 여부는 정확히 알 수 없지만, 어떤 선지자가 앞으로 관련 내용을 증명할 수 있을지 누가 알겠는가?

관측은 무엇이며, 관측의 주체는 누구인가?

이제 슈뢰딩거 고양이가 던지는 마지막 질문이 남아 있다. 그것은 '관측'에 관한 것이다. 코펜하겐 해석은 전자의 존재는 관측하기 전까지 실재하지 않는다고 한다. 아인슈타인 등 코펜하겐 해석을 받아들이기 어려웠던 과학자들은 관측에 관한 여러 의문을 쏟아낸다.[56] 여러 질문이 있지만, 대략적인 내용은 아래와 같다.

"관측이 이뤄진 이후 실재한다면, 내가 달을 보기 전에는 달은 존재하지 않는가? 그렇다면 관찰자는 꼭 사람이어야만 하는가? 고양이가 관찰해도 달은 존재하는가? 혹은 꼭 지성을 가진 존재가 관찰해야만 존재하는가?"

위와 같은 질문들은 얼핏 보면 과학이라기보다 철학적인 논의처럼 보이기도 한다. 위 질문의 의도를 살펴보면 '관측'은 무엇인지, '관측의 주체'는 누구인지를 묻는다. 나아가, 그 질문들 이면에는 양자역학이 말하는 '실재'는 무엇인지, 그리고 왜 거시 세계에선 미시 세계와 같은 모습이 보이지 않는지를 지속적으로 묻는 것이다.

그렇다면 관측이란 무엇인가? 우리는 흔히 '관측'이라는 말을 '무언가를 본다'라는 행위와 연결해 이해한다. 우리 인간의 눈으로 무언가를 본다는 것은, 보는 대상에 빛이 부딪혀 반사된 빛이 눈으로 들어오는 것이다. 물론 인간의 눈으로 볼 수 있는 빛은 가시광선에 한정되어 있지만, 본다는 것은 빛이 무언가 물질에 닿은 후 흡수되지 못하고 튕겨서 나온 빛을 보는 것이다. 이처럼 양자역학 관측에서는 무언가 본다는 행위보다는, 빛이 물질에 닿은 것처럼 무언가에 닿는다는 점이 중요하다.

이중 슬릿 실험에서 관측기를 통해서 전자를 관측한다고 했을 때, 관측기는 전자기장과 같은 신호를 보낸다. 그리고 전자가 이중 슬릿 바로 앞에 설치된 관측기를 지나갈 때, 전자는 관측기가 보내는 전자기 신호에 닿게 되고, 닿는 순간 아주 극미한 전자는 영향을 받는다. 중첩 상태로 존재하던 전자는 그 순간 바로 하나의 상태로 정해진다. 즉, 관측이란 입자에 무언가가 닿고, 닿은 순간 영향을 주어, 그 상태를 바꾸는 하나의 상호작용이다.

"관측의 주체는 누구인가?"에 관해서 김상욱은 그의 저서에서 "우주 전체"라 설명한다.[5] 그의 설명에 따르면 과학은 관심 있는 대상과 대상이 아닌 것 둘로 나뉜다고 한다. 예를 들어 이중 슬릿 실험에서는 전자가, 슈뢰딩거의 고양이 사고 실험에서는 고양이가 관심 있는 대상이 된다. 전자와 고양이 외 대상은 과학적으로 '환경Environment'이라 부르며, 사실상 우주의 나머지 전부가 환경으로 작용한다는 것이다. 이 환경 속에는 관측 장비뿐만 아니라 공기, 빛(광자) 등 무수히 많은 존재가 있다. 게다가 모든 물질은 온도를 가지는 순간 어떠한 형태로든 빛을 발산한다.

미시 세계 물질이 파동성을 유지하기 위해선 인간의 눈에 보이지 않는 공기 입자와 부딪히지 않고 어떠한 빛에도 노출되어서도 안 된다. 하지만 현실에서는 공기, 열, 빛 등 수많은 환경 요인이 항상 존재하기 때문에, 입자가 관측되지 않은 것은 거의 불가능하다. 전자가 공기 입자나 광자에 조금이라도 노출되면, 극도로 작은 크기와 질량 때문에 파동성이 깨지고 입자로서의 성질이 드러난다. 거시 세계에서는 주변의 모든 환경이 곧 관측을 일으키기 때문에, 미시 세계처럼 순수한 파동성을 유지할 수 없다. 즉, 관측의 주체는 우주 전체의 환경이라 볼 수 있으며, 관측이란 그 환경과의 접속, 혹은 상호작용이라 할 수 있다.

　슈뢰딩거의 고양이 사고 실험을 통해서 양자 세계의 불확정성 원리가 무엇을 의미하는지 몇 가지 해석에 대해서 알아봤다. 코펜하겐 학파 해석이 지금의 양자역학 패러다임으로 자리 잡고 있지만, 그 해석으로만 양자역학이 학문으로서 자리 잡기는 어려웠을 것이다. 양자역학이 한 분야의 학문으로서 완성될 수 있었던 이유는 수학적으로 원자 세계의 모습을 그릴 수 있었기 때문이다. 이어서 양자역학의 체계를 완성한 하이젠베르크의 행렬역학과 슈뢰딩거의 파동 방정식의 의미를 알아보자. 관점이 다른 두 수학적 체계를 하나의 철학적 세계관으로 통합하려 했던 보어의 상보성을 포함해서 말이다.

행렬역학과 파동 방정식을 포섭하는 보어의 세계관, 상보성

"책에 있는 수식 하나마다 독자가 절반으로 줄어든다."

— 스티븐 호킹 《시간의 역사》 편집자 —

스티븐 호킹 박사의 저서 《시간의 역사》는 과학 교양서 중 칼 세이건의 《코스모스》와 함께 전무후무한 판매 기록을 갖고 있다. 1988년 발간 이후로 40개국 언어로 번역되어, 2,500만 부 이상 판매가 되었다. 스티븐 호킹은 《시간의 역사》〈감사의 글〉에서, 출판 편집자가 "수식 하나마다 독자가 절반으로 줄어든다"라는 경고를 받아, 오직 아인슈타인의 $E=mc^2$ 수식만을 사용했다고 밝혔다. 역시 이 책도 《시간의 역사》 편집자의 가르침을 받아 지금까지 양자역학을 설명하는 과정에서 '속도＝거리÷시간', $\lambda = \frac{h}{p} = \frac{h}{mv}$, 그리고 $E=mc^2$ 등 세 가지 정도의 수식만을 언급했다.

물론 나로서는 수학적 설명을 쉽게 풀어내기 쉽진 않다. 설령 내가 그것을 잘할 수 있다 해도, 이 책의 목적상 자세한 수학적 설명은 피했을 것이다. 거듭 말하지만, 이 책은 양자역학에 대한 지적 호기심을 자극하는 데 목적이 있다. 그래서 여기서는 하이젠베르크의 행렬역학과 슈뢰딩거의 파동 방정식을 수학적으로 풀기보다는, 그 내용과 의미를 간단히 살펴본다.

하이젠베르크가 원자 세계를 수학적 체계로 설명하려는 접근법은 매우 현실적이다. 기본적으로 우리는 전자 등 원자를 볼 수 없다. 원자를 본 적도 없다. 단지 원자가 운동을 할 때 내보내는 빛을 볼 수 있을 뿐이다. 과학자들은 원자 속 전자가 비추는 빛을 통해서 원자의 모습을 추정하고 그렸다. 그렇기에 하이젠베르크는 우리가 오직 알 수 있는 물리량을 가지고 원자 세계를 이해할 수밖에 없다고 한다. 그래서 미시 물리 세계를 이해하기 위해선 '원칙적으로' 측정할 수 있는 물리량을 설명할 수 있는 이론이 있으면 그것으로 충분하다고 여겼다.[58]

하이젠베르크가 이야기하는 측정 가능한 물리량은 바로 원자가 흡수하고 방출하는 빛 에너지다. 2장에서 설명한 것 같이 전자가 특정 에너지 준위에서 다른 에너지 준위로 움직일 때 빛 에너지의 변화를 관찰할 수 있다. 하이젠베르크는 바로 원자가 흡수하고 방출하는 빛 에너지 간 변화를 통해서 원자의 운동을 설명하려고 했다.[59] 그리고 원자가 흡수하고 방출하는 빛 에너지 사이의 관계를 하나의 거대한 표로 정리했는데, 우리는 이 표를 행렬이라 부르고, 그의 이론은 행렬역학이라 한다.[60] 하이젠베르크는 행렬역학을 만들고, 불확정성 원리를 발표한다. 불확정성 원리는 바로 행렬역학이 설명하는 양자 세계에 대한 보편적 해석 원리다. 그가 주장하고 싶은 것은 바로 양자 세계에서 중요한 것은 무엇을 측정할 수 있느냐가 아니라 무엇을 알 수 있느냐다.[61] 그리고 하이젠베르크는 1932년 단독으로 노벨 물리학상을 수상한다. 노벨상 위원회는 "양자역학의 기초를 만듦for the creation of quantum mechanics"이란 평과 함께 그의 수상 이유를 밝혔다.[62]

하이젠베르크의 행렬역학에 관한 흥미로운 일화 중 하나는, 그가 행렬역학을 완성했을 때 그는 자신이 작성한 체계가 행렬인 줄 몰랐다는 것이다. 지금 이 책을 읽는 독자들은 고등학교 과정을 거치면서 '2×2' 행렬 계산을 한 번씩은 해봤을 것이다. 한국 학생들은 17세~18세 사이에 행렬을 정규 교육 과정에서 배우지만, 23세에 행렬역학을 완성한 하이젠베르크는 정작 행렬이 행렬인지 몰랐다. 그가 살던 시대에는 정규 교육 과정에 행렬이 없었는지 혹은 물리학자들 사이에선 미분 방정식 외 다른 수학 접근을 하지 않아서인지 이유는 정확히 모르겠지만 말이다. 행렬이란 방법을 몰랐어도 그는 고도의 집중력과 직관을 발휘해 행렬 방식을 스스로 창안했다. 또한 그가 행렬역학을 완성한 방식 역시도 막스 플랑크, 드 브로이와 같이 일종의 '언어걸림'이 작용했는데, 알 수 있는 물리량 값만 가지고 그가 표 형태로 '임의로' 숫자를 나열했는데 그 결과가 보어의 양자 도약 아이디어 등을 잘 설명했던 것이다. 수학적 조예가 깊은 막스 보른은 하이젠베르크의 행렬역학의 가치를 단번에 알아보고, 행렬역학을 더욱 수학적으로 정교한 방식으로 다듬어준다.

양자역학을 이해하기 어려운 이유는 우리가 일반적으로 머릿속에서 바로 이미지화할 수 있는 직관 혹은 합리적이라고 생각하는 모습과 어긋나기 때문이라고 한다. 하지만 하이젠베르크는 직관에 어긋나는 양자 세계의 현상에 갇히지 않고, 오히려 그 반대로 그가 생각할 수 있는 직관과 직감을 믿고 양자 세계를 설명할 수 있는 행렬역학을 완성했다.

하이젠베르크가 위대한 발명을 하고 그 공로로 노벨 물리학상까지 받았지만, 정작 많은 과학자 사이에서 행렬역학은 그다지 인기가 많지 않았다. 주로 과학자들이 미분 방정식을 이용했지, 행렬은 거의 활용하지 않았기 때문이다. 그렇기에 행렬역학은 당시 과학자들 사이에서 매우 낯설고, 복잡하고도 기괴한 수학적 접근이었다. 그래서 과학자들은 하이젠베르크의 행렬역학 대신 슈뢰딩거의 파동 방정식을 더 선호했다.

슈뢰딩거는 하이젠베르크의 행렬역학이 발표된 지 6개월 후에 파동역학을 세상에 선보인다.[63] 슈뢰딩거의 파동 방정식은 파동처럼 운동하는 입자가 특정 위치에 존재할 확률을 '파동 함수'로 알려준다. 이 파동 함수는 슈뢰딩거가 혼자서 발명한 것이 아닌, 드 브로이의 물질파 방정식과 수소 원자 실험 결과를 접목해서 재창조한 것이다.[64] 한편 슈뢰딩거는 본인이 직접 파동 방정식을 만들어냈지만, 정작 파동 함수가 무엇을 의미하는지 몰랐다. 스스로는 파동 함수가 고전적 관점으로 물질의 밀도와 관련 있겠다고 생각했다. 하지만 그의 생각과 달리 파동 함수에 대한 표준적인 해석을 제시한 사람은 막스 보른이었다.[65] 막스 보른은 파동 함수의 파동은 물리적 측정 가능한 양이 아닌 입자가 존재할 확률이라는 해석을 내놓는다. 즉, 특정 순간에 입자가 어떤 위치에 있을지 확률적으로 예측할 수 있다는 것이다. 이러한 확률적 해석 체계는 코펜하겐 학파의 핵심 원리이며, 코펜하겐 학파의 해석은 양자역학의 표준 체계로 자리 잡는다.

여전히 고전역학 관점에서 양자 세계를 바라보고 싶었던 슈뢰딩거는 자신이 만든 파동 방정식이 확률적으로 해석되는 것을 받아들일 수 없었다. 그래서 코펜하겐 학파의 확률적 접근을 반박하기 위해서 내놓은 사고 실험이 앞에서 본 슈뢰딩거의 고양이 사고 실험이다. 하지만 그의 의도와 다르게, 고양이 사고 실험은 양자역학 세계 이해의 깊이를 넓혔다. 또한 그의 파동 방정식은 수소 원자의 운동을 정확히 계산하는 등 원자 세계를 설명하는 수학적 체계로서 그 실효성이 입증된다. 그 결과 슈뢰딩거의 파동 방정식은 행렬역학과 함께 양자역학이 학문적 지위를 얻는 데 크게 기여한다. 이로써 슈뢰딩거는 1933년에 노벨 물리학상을 수상한다. 또한 하이젠베르크의 행렬역학을 다듬고, 슈뢰딩거 파동 방정식의 표준적인 해석 체계를 내놓은 막스 보른 역시도 1954년에 노벨 물리학상을 수상한다.

양자역학의 핵심은 미시 물질세계 입자가 파동과 같이 움직인다는 것이다. 행렬역학은 입자의 위치와 운동량을 행렬로 다루는 입자적 접근이라면, 슈뢰딩거의 파동 방정식은 말 그대로 파동 관점에서 접근한다고 볼 수 있다.[66] 그리고 슈뢰딩거는 두 수학적 체계가 다른 접근을 하고 있지만 결국 같은 결과를 도출한다는 것을 증명했다.

하이젠베르크의 행렬역학과 슈뢰딩거의 파동 방정식을 통해서 물질의 이중성이 수학적으로 설명되었다. 물질의 이중성이라 표현할 때 '이중성'이란 단어의 느낌은 두 가지 대립하는 성질이 각각 별개의 존재로 각기 존재하는 느낌이다. 하지만 미시 물질세계에서 입자가 파동과 같이 행동하는 모습은 그 자체로 하나의 현상이다. 적어도 양자역학의 아버지인 보어에게는 하나의 현상으로 보였을 것이다. 보어는 과학과 수학을 넘어 철학적 접근을 시도한다. 보어는 양자역학 세계를 받아들이기 어려운 이유는 바로 물질의 이중성을 설명하는 언어와 개념이 부재하기 때문이라 생각했다.[67] 거시 세계에서 입자성과 파동성은 각기 다른 현상이며, 우리의 일상 속 언어에서도 역시 다른 개념으로 존재한다. 둘을 하나의 현상으로써 보는 단어는 없다. 그렇기에 물질의 이중성과 이중성에서 파생되는 확률적 세계관을 받아들이기 어렵다는 것이다. 그래서 보어는 물질의 이중성이란 표현 대신 '대립적인 것은 상호보완적'이라는 '상보성'이란 단어를 사용한다. 물질의 이중성을 설명할 때 입자성과 파동성을 각기 다른 배타적 개념이 아닌 하나의 언어와 개념으로 표현하고자 했다. 상보성이란 개념을 만들면서까지 양자역학의 철학적 고민까지 하던 그가 동양의 태극 문양, 그리고 상보성 개념을 포괄하고 있는 태극 문양의 고유한 사상을 알았을 때 과연 어떤 기분이 들었을지 궁금해지는 지점이다.

"한 번은 음 운동을 하였다가, 한 번 양 운동을 하는 것을 일러 '도'라고 한다 一陰一陽之謂道."

— 《주역周易》〈계사전繫辞伝〉—

원자 속 전자들의 현묘한 춤, 확률의 구름과 오비탈

"원자는 어떤 모습을 하고 있을까?"라는 과학자들의 질문과 탐구는 양자역학이 발전하는 데 크게 이바지한다. 앞서 이야기한 것과 같이 우리는 원자와 전자의 모습을 한 번도 본 적이 없다. 원자의 크기가 매우 작아 직접 관찰하는 것이 불가능하다. 그래서 과학자들은 원자의 구조나 성질을 설명하기 위해 원자 모형을 만든다. 과학자들은 과학 실험을 통해서 원자핵과 전자를 발견하고, 그 구조와 움직이는 모습을 추정하며 그렸다. 하지만 과학자들이 그린 여러 원자 모형은 그 모습을 온전히 설명하는 데 각기 한계점을 가지고 있었다. 각각의 원자 모형이 가지는 한계점을 보완하고 수정하는 과정에서 양자역학은 더 정교하게 발전했다.

그 결과 현대 원자 모형과 그 모형을 설명하는 양자역학이 완성되었다.

양자역학 관련 교양 콘텐츠와 고등학교 물리 및 화학 교과서에서 원자 모형 변화에 대한 역사는 자주 다뤄진다. 그래서 여기서는 구체적으로 원자 모형의 변천사는 살펴보진 않고, 이 책 앞부분에서 주로 다루었던 '에너지 단위화', '파동과 같이 움직이는 전자', '양자 중첩' 현상이 원자 모습에서 어떻게 보이는지 간단히 알아보고자 한다. 원자 모형 변천사를 알고 싶다면, 여러 양자역학 교양 콘텐츠를 통해서 확인해 볼 수 있다.

에너지가 단위화,
'양자화'된 원자의 모습

원자 내 전자가 특정한 에너지를 가지는 것을 에너지가 양자화되었다고 한다. 양자화된 에너지는 에너지 준위라는 각 단계^{Level}를 가지며 전자는 오직 에너지 준위에서만 존재할 수 있다. 전자가 각 에너지 준위에서 가질 수 있는 에너지양이 분포된 모습이 띄엄띄엄하며, 띄엄띄엄한 에너지 값을 가지는 것을 에너지가 단위화된 것, 즉 양자화되었다고 한다.

또 전자의 에너지가 변하여 전자가 한 에너지 준위에서 다른

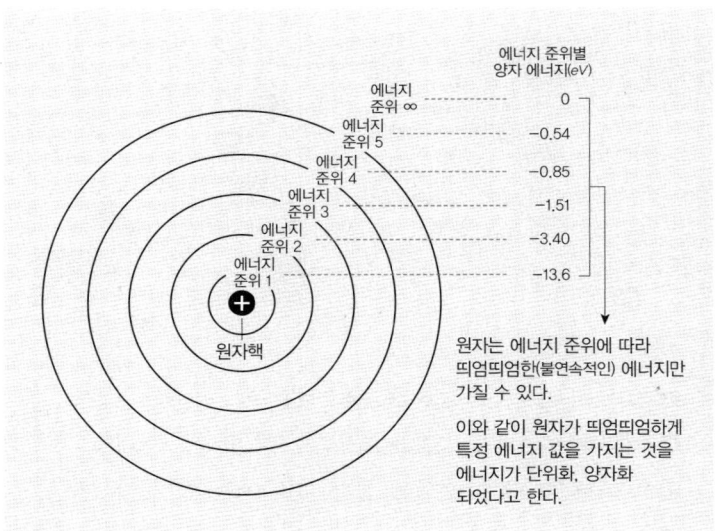

[그림 3-7] **수소 원자와 에너지 준위**

출처: 《고등학교 물리 I》, 동아출판, 96쪽

에너지 준위로 이동하는 것을 전이Transition라고 한다. 전자가 에너지 준위를 이동할 때면 빛을 흡수하거나 방출한다. 전자가 높은 에너지 준위에서 낮은 준위로 이동하면, 에너지 차이에 해당하는 빛(광자)을 방출한다. 이때 방출되는 빛은 전자가 어떤 높은 에너지 준위에서 어떤 낮은 에너지 준위로 전이 되느냐에 따라 방출되는 빛의 색이 달라진다. 이러한 원자의 성질은 물질이 낼 수 있는 색을 설명한다. 예를 들어, 구리를 가열하면 청록색의 빛을 내는데, 구리 원자가 청록색 빛을 방출하는 에너지 준위 구조를 가

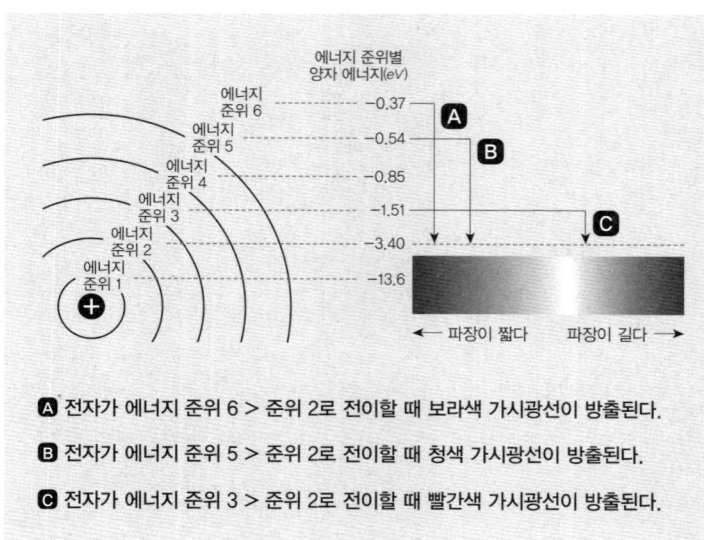

[그림 3-8] 수소 원자에서 전자의 전이와 가시광선 영역의 선 스펙트럼
출처: 《고등학교 물리》, 동아출판, 96쪽

지기 때문이다. 그 외에도 레이저 포인터, LED, 네온사인, 불꽃축제 폭죽의 불꽃색 등이 특정한 빛을 내는 이유도 위와 같은 이유다.

전자는 원자 속에서 아무렇게나 존재하지 않는다. 특정한 에너지를 가지며, 그 상태를 일정 시간 유지할 수 있는 경우, 우리는 그 상태를 '정상상태'라고 부른다. 이 정상상태에 있는 전자는, 고정된 위치에 가만히 있는 것이 아니라 마치 파동처럼 원자 안을 따라 퍼져 있는 상태에 가깝다. 전자가 정상상태에 있을 때, 그 파동은 일정한 규칙을 따른다. 즉, 전자의 파동이 원자 안을 한 바퀴 돌고 제자리로 돌아왔을 때, 파동의 앞과 끝이 정확히 맞아떨어져야 한다. 그래야 파동이 스스로 방해하지 않고 안정된 상태를 유지할 수 있다. 이것은 마치 줄을 잡고 흔들 때, 진동수가 딱 맞으면 줄 전체에 고른 파동이 퍼지듯, 파동이 정수 배로 반복될 때만 정상적인 파동 형태가 유지될 수 있다는 것이다. 즉, 전자가 그리는 파동 물결[~]인 파장의 반복이 '1배, 2배, 3배……'와 같이 정수 배로 그려진다는 것이다.

만약 이 파동이 정확히 정수 배가 아니라 중간에 끊기거나 어긋난다면, 파동은 스스로 상쇄해 버리고(소멸간섭) 전자는 해당 에너지 준위에 머무를 수 없다. 그러므로 전자의 파동은 오직 특정한 길이, 특정한 주기에서만 유지될 수 있으며, 이러한 제한 조건 때문에 전자는 에너지를 아무 값이나 가질 수 없고, 딱 정해진 값 몇 가지만 가질 수 있게 된다. 즉 에너지가 양자화되어 있다는 사실을 의미한다.

구체적으로 예를 들어보자. 1번 에너지 준위에서는 전자의 파동이 한 번만 휘어져 정확히 제자리로 돌아온다. 2번 준위에서는 파동이 두 번, 3번 준위에서는 세 번, 이런 식으로 파동의 패턴이 딱 맞아떨어지며 완전한 형태를 이룬다. 마치 원을 따라 파동이 부드럽게 이어지며 자기 자신과 조화를 이루는 모습이다.

만약 이 파동이 정수 배가 아니라면 어떻게 될까? 전자의 파동이 원둘레에 두 번 반, 즉 2.5번 정도만 이어졌다고 상상해 보자. 이 경우, 파동은 시작과 끝이 정확히 맞물리지 못하고 엇갈려 겹치거나 어긋나게 된다. 파동의 앞부분과 뒷부분이 서로 반대 방향으로 진동하며 부딪치게 되면서, 결국 서로를 지워버리는 '소멸간섭'이 일어난다. 이렇게 되면 전자의 파동은 안정적으로 존재할 수 없게 되고, 그 에너지 상태 자체가 허용되지 않는 상태가 된다. 결국 전자는 그런 불안정한 파동 상태에 머무를 수 없으며, 오직 자기 자신과 정확히 이어지는, 즉 정수 배 파동을 만들 수 있는 상태에서만 존재할 수 있다. 이 원리는 전자가 아무 에너지에서나 존재할 수 없고, 특정한 에너지 준위에서만 머무를 수 있다는 양자역학의 핵심 원리를 잘 보여준다.

정상상태에서의 전자는 하나의 점처럼 존재하는 것이 아니라, 공간 전체에 걸쳐 확률적으로 퍼져 있는 상태로 해석된다. 이 파동의 모양은, 전자가 어느 위치에 존재할 가능성이 큰지를 나타내는 확률 분포며, 이중 슬릿 실험에서 나타나는 전자의 간섭무늬와 본질적으로 같은 개념이다. 다만 여기서 말하는 파동은 실제로 전자가 흔들리며 움직이고 있다는 뜻이 아니라, 전자의 존재 가능성이 공간 속에 파동처럼 퍼져 있다는 의미로 이해해야 한다. 각 원소마다 전자의 파동 길이와 움직임 형태는 다르며, 이 설명은 개념적 이해를 돕기 위한 단순화된 모델이다. 여하튼 핵심은 전자는 아무 데서나 존재하지 않고 오직 '자기 자신과 조화를 이루는 자리'에서만 존재할 수 있다는 것이다.

이어서 전자가 원자 구조 내에서 가장 낮은 에너지 상태인 에너지 준위 1에 존재할 때, 가장 안정적인 상태라 하며, 이때 전자는 '바닥 상태'에 있다고 한다. 그리고 전자가 바닥 상태보다 높은 에너지 준위에 자리 잡고 있을 때를 '들뜬 상태'라 한다. 인간인 우리 자신도 불안정보단 대개 안정적인 상태를 추구하지 않는가? 그와 같이 전자도 일반적으로 가장 안정적인 바닥 상태로 변화하려는 성향이 있다. 전자가 들뜬 상태에 있으면 불안정한 상태로 간주하는데, 이때의 전자들은 자연적으로 에너지를 방출하고 다시 안정적인 바닥 상태로 돌아가려 한다.

원자가 외부에서 충분한 에너지를 받으면 정상상태의 전자는 그 에너지를 받아 더 높은 에너지 준위로 도약하게 된다. 고전 세계에서 에너지의 변화는 연속적으로 변화하지만, 양자 세계에서 전자는 점진적인 변화가 아닌, 불연속적인 에너지 값 간 사이를 단번에 뛰어넘어 새로운 에너지 상태에 도달한다. 이를 일러 우리는 '양자 도약Quantum Jump'이라 한다. 기업 CEO들이 "앞으로 회사가 '퀀텀 점프'하여 발전해야 한다"라고 말하는 걸 많이 들어봤을 것이다. 사회에서 '어떤 비약적인 발전이 있었다', '비약적인 발전이 필요하다'라는 등 표현하기 위해서 '퀀텀 점프'라는 용어를 자주 사용하곤 하는데 이때 용어가 바로 양자역학에서 차용된 것이다. 다만 전자가 더욱 높은 에너지 준위로 양자 도약하기 위해선 에너지 준위 간 에너지 차만큼 충분한 에너지를 외부에서 받아야 한다. 그보다 못한 에너지를 외부에서 받을 경우, 전자는 에너지 준위를 도약할 수 없다.

원자는 주변 환경의 온도에서 그 에너지를 받는다고 볼 수 있는데, 지구 지표면의 일반적인 자연환경에서 원자가 노출될 수 있는 최고 온도는 섭씨 약 60도 수준이다. 이 정도 수준의 온도는 원자 입장에서는 극저온이라고 볼 수 있는데, 수소 원자의 바닥 상태에 있는 전자가 한 단계 위 에너지 준위로 도약하기 위해선 수천 도만큼의 에너지가 필요하기 때문이다.[68] 그렇기에 지구상 원자 대부분은 가장 안정적인 상태인 바닥 상태에 존재할 수밖에 없다고 한다.[69]

입자인 전자가 파동과 같이
원자 구조 내에서 움직이는 모습(양자 중첩과 오비탈)

마지막으로 양자 중첩 현상이 원자 구조에서 어떻게 표현되는지 살펴보자. 원자 속 전자는 관측하기 전까지 실재하지 않는다. 관측되기 전까지 전자는 존재할 수 있는 모든 곳에서 존재할 수 있다. 이 현상을 일러 우리는 양자 중첩이라 한다. 관측되기 전까지 전자는 실재하지 않고 존재할 수 있는 모든 곳에 존재한다면 도

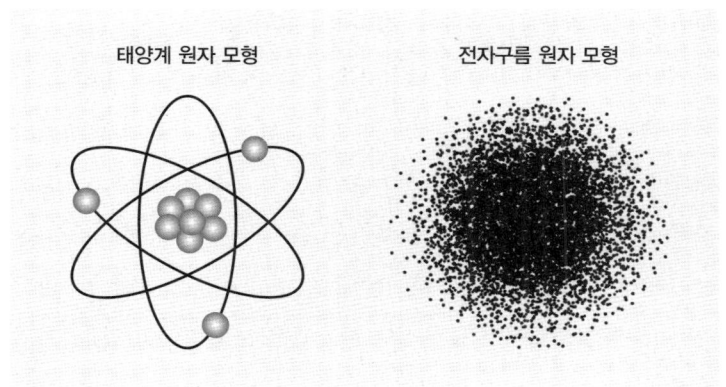

[그림 3-9] 태양계 원자 모형과 현대의 전자구름 원자 모형
출처: 《고등학교 화학1》 교과서, 미래엔, 72쪽

대체 그럼 원자는 어떻게 생긴 것인가?

우리는 대개 원자의 모습을 상상할 때 '태양계 원자 모형' 모습을 상상하기 쉽다. '태양계 원자 모형'은, 원자핵이 태양이고, 전자들이 태양 주위를 도는 행성과 같이 회전하는 모습을 가정한다. 해당 원자 모형은 어니스트 러더퍼드가 1911년에 처음 제안한 모델이고 이후 닐스 보어에 의해서 수정되고 발전되었지만, 실제 원자의 모습을 설명할 수 없는 여러 한계가 존재했다.

대표적으로 원자가 안정적으로 그 형태를 어떻게 유지하는지 설명하지 못했다. 전자는 가속 운동을 하면서 에너지를 방출한다. 고전역학 관점에서 전자가 원자 내에서 지속적으로 운동을 하게 되면 결국 에너지를 잃게 되는데, 에너지를 잃은 원자 내 전자가 그리는 궤도는 점점 축소되어 핵과 충돌해야 한다. 그 결과 원자는 붕괴가 되어야 하지만 원자는 붕괴하지 않고 매우 안정된 상태를 유지하는 것이었다. 만약 원자가 저렇게 붕괴한다면, 우주 역시도 붕괴해야 한다. 하지만 우주는 붕괴하지 않고 공고히 유지된다. 태양계 원자 모형은 원자가 어떻게 붕괴되지 않는지 설명하지 못했지만, 하이젠베르크, 슈뢰딩거, 보른 등 과학자들이 원자 세계에 확률론적인 세계관을 도입함에 따라, 원자가 어떻게 붕괴되지 않고 안정적으로 유지되는지 설명하는 데 성공한다. 그리하여 태양계 원자 모형은 폐기되고, 확률론적 세계관이 설명하는 '전자구름 원자 모형', 지금의 현대 원자 모형이 등장하게 된다.

태양계 원자 모형이 가지고 있는 한계를 보완하는 여러 과학자의 노력이 뒷받침되면서 전자구름 원자 모형이 현대 원자 모형으로 자리 잡게 된다. 전자구름 원자 모형을 보면 원자 중심부에 가까울수록 색이 짙어지며 점의 밀도가 높아지고, 중심부에서 멀어질수록 점의 밀도가 낮아지며 점이 듬성듬성하다. 이런 전자구름 원자 모형은 전자가 발견될 확률을 점의 밀도로 나타낸 것이다. 즉, 점이 빽빽할수록 전자를 발견할 확률이 높아진다. 즉, 과학자들은 전자구름 모형을 통해서 관측되기 전까지 실재하지 않고, 존재할 수 있는 모든 곳에 동시에 존재할 수 있는 양자 중첩 현상을 표현한 것이다.

전자구름 원자 모형이 양자 중첩 특징을 잘 보여주지만, 점들로 구성된 흐릿한 모습만큼이나 사실 그 모습이 구체적이지 않다. 전자구름 원자 모형의 속을 한 번 더 구체적으로 살펴보자. 원자는 특정한 에너지만을 가질 수 있다. 이를 에너지 준위라고 부른다. 그리고 전자는 특정 에너지 준위에서 마음대로 돌아다니지 않는다. 전자는 에너지 준위에서 존재할 수 있는 세부적인 공간이 존재한다. 전자가 그 세부적인 공간에 확률적으로 존재한다. 그 공간을 오비탈이라 한다. 전자가 확률적으로 존재할 수 있는 오비탈 공간의 모습은 크기와 방향이 다양하다. 오비탈의 공간적 성질과 그 공간 안에서 전자의 운동을 나타내는 일련의 수를 양자수라고 한다. 양자수에는 에너지 준위와 오비탈의 크기를 결정하는 '주 양자수', 오비탈의 형태를 결정하는 '방위 양자수', 오비탈의 방향성을 결정하는 '자기 양자수', 전자의 고유한 스핀 상태를 결정하는 '스핀 양자수'가 있다. 양자수에 따라서 전자가 확률적으로 존재할 수 있는 공간인 오비탈의 모습은 각기 다르다.

나처럼 학창 시절 과학을 포기했던 사람들은 아마 원자의 모습이 구름같은지, 오비탈같이 입체적이고 다양한지 생각지 못했을 것이다. 하지만 내가 지금 설명하고 있는 원자의 모습은 고등학교 1~2학년 수준의 내용이다. 실제로 좀 더 구체적인 원자의 모습을 설명하기 위해서 고등학교 물리1과 화학1 교과서를 참조했

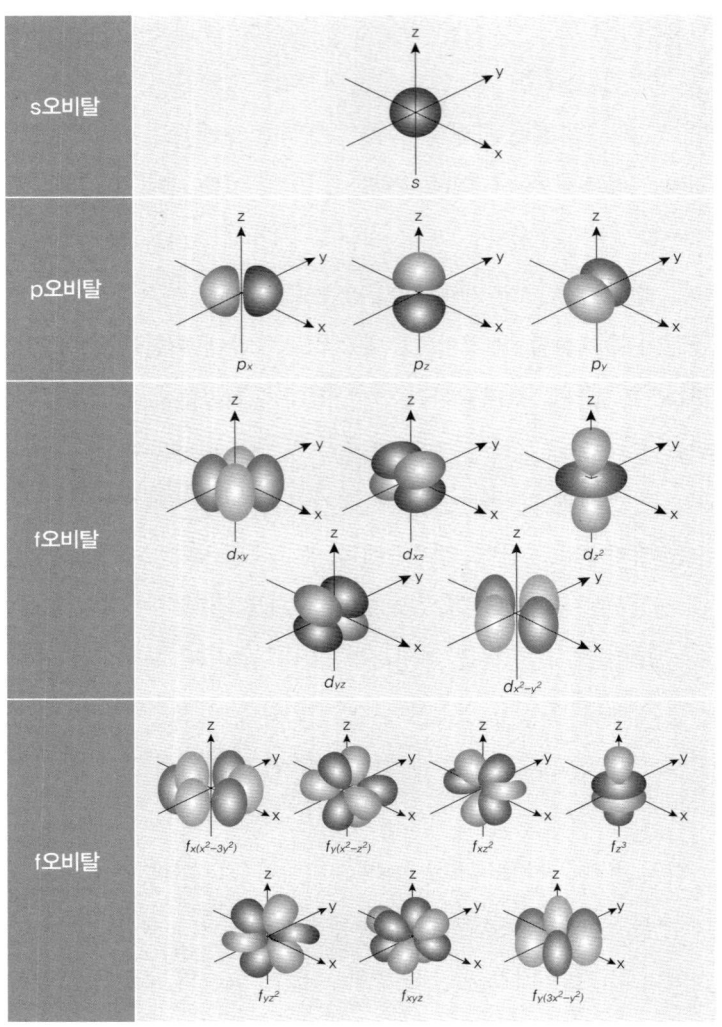

[그림 3-10] 오비탈 원자 모형

출처: Openstax, chemistry 2e, 308page https://openstax.org/details/books/chemistry-2e

을 뿐이다. 물론 고등학교 수준의 내용이 절대로 낮은 수준의 내용은 아니다. 다만 어린 시절에는 과학 교과서의 가치를 몰랐지만, 뒤늦게 양자역학에 관심을 가지면서 교과서가 기본 교양을 쌓는 데 큰 도움이 된다는 것을 깨달았다. 설명이 불친절하고 재미가 없는 부분도 분명 존재하지만, 학창 시절 교과서만큼 필요한 내용 전체를 빠짐없이 설명하는 기본 교양서도 몇 없을 것이다.

미시 물질세계의 에너지 '양자화' 그리고 '양자 중첩' 현상이 원자 속에서 어떻게 보이는지 간단히 살펴보기 위해 오비탈에 관한 자세한 설명은 생략한다. 오비탈의 모습을 소개한 것 역시 원자 속 에너지 준위와 전자의 확률 분포의 모습이 구체적으로 어떻게 생겼는지를 보이기 위함이다. [그림 3-10]을 보면서 '이런 게 있구나' 정도로 넘어가도 괜찮을 듯하다. 오비탈에 대한 더 자세한 설명을 알고 싶은 독자들은 고등학교 수준의 화학1 교과서를 참조해 보길 바란다. 이어서 양자 중첩 현상과 함께 매우 중요한 미시 물질세계의 특징인 '양자 얽힘'에 대해서 알아보자.

마지막 근대인
아인슈타인의 수수께끼

"실제Actuality로 실재Existence하는 실체Substance는 무엇인가?"

— 박인규, 〈세상의 모든 지식, 언더스탠딩-노벨 물리학상 받은 '양자 얽힘',

가장 쉽게 설명해드립니다〉 중에서 —

서양의 중세 시대가 근대(세) 시대로 넘어가는 과도기에 이탈리아반도 피렌체 지방에는 '단테 알리기에리'라는 정치가이자 위대한 시인이 살았다. 단테는 유럽 르네상스의 씨앗을 움트게 한 인물로, 서양 문화사 대전환기에 한 획을 그은 위대한 인물이다. 그런 그에게 붙는 대표적인 수식어 하나가 있는데, 그 수식어는 바로 '마지막 중세인'이다.

그가 '마지막 중세인'으로 불린 이유는 십여 년간 집대성한 서사시 《신곡Divine Comedy》이 유럽 중세와 근대(세)로 넘어가는 과도기에 보여주었던 독특한 특성과 그 특성이 대전환기 유럽 문화사에 미친 거대한 영향 때문이다. 단테의 《신곡》은 중세 시대 기독교 신학, 철학, 그리고 도덕적 세계관을 종합하고 완벽히 체계화한 작품으로 평가받는다. 동시에 그의 서사시는 중세 시대 세계관에만 머물지 않았다. 《신곡》은 한 인간 개인의 내면적 고뇌와 인간의 자율적 판단의 중요성을 다루었는데, 신이 아닌 한 인간 관점의 사유로 전환이 이뤄졌다. 그의 서사시가 가지는 또 다른 파격적인 면모는 바로, 당시 중세 시대 공용어인 라틴어가 아닌 이탈리아반도 토스카나 지역 방언으로 쓰였다는 점이다. 단테가 토스카나 방언으로 《신곡》을 집필함으로써 이탈리아어 문학의 기틀을 마련했고, 토스카나 방언은 표준 이탈리아어로 자리 잡게 된다. 이를 계기로 이탈리아에서는 민족어 문학이 본격적으로 발전하게 되었으며, 그의 작품은 다른 유럽 지역에서도 민족어 문학이 각지에서 발전하는 시대적 흐름과 맞물리며 상징적 역할을 하게 된다. 그 결과 단테 《신곡》의 영향으로 이탈리아를 포함한 유럽 각국 다양한 민족의 문학이 발전했다.

중세 시대 라틴어는 중세를 지배한 교회의 공식 언어였다. 지금으로 따지면 일종의 영어와 같은 지위를 누리고 있었다. 라틴어는 중세 시대 교회가 유럽 전역에 지배력을 확산하고 유지하는

데 중요한 도구였다. 라틴어는 교회 중심의 문화적 통합을 통한 종교적 지배를 가능하게 한 기반이었던 셈이다. 교회의 공식 언어 라틴어는 기독교 신학이 유럽 전역 정치·경제·문화에 스며들게 했다. 하지만 단테의《신곡》이 공고했던 그 기반에 균열을 일으켰다. 각 민족이 라틴어가 아닌 각자의 민족 언어로 고유한 문화를 누린다는 것은 지배적이었던 중앙집권적 기독교 문화로부터 일종의 독립을 의미했다.

단테의《신곡》은 중세 시대 기독교 세계관을 종합하면서 동시에, 세상을 바라보는 시선을 신이 아닌 한 인간의 내면으로 돌렸다. 동시에 유럽 한 지방의 방언으로 집필된 단테《신곡》은 중세 시대 기독교의 언어 권력에 금이 가기 시작하는 상징적인 사건이었다. 단테는 중세적 사고를 통합함과 동시에 근대적 사고의 씨앗을 뿌렸다. 하지만 그는 근대적 사고의 가능성을 보였던 것이지, 그는 중세 시대 세계관에 벗어난 인물은 아니었다. 또한 중세 시대의 해체를 바라지도 않았을 것이다. 단지 그 자신도 인지하지 못하고 있었던 대전환 시기에 그가 보여주었던 파격적인 혁신이 의도치 않게 유럽 문화사의 핵심 유산이 된 것이다. 그렇게 단테는 '마지막 중세인'이라는 유럽 문화사에서 상징적인 인물로 자리 잡게 된다.

마지막 근대인 아인슈타인

과학, 그것도 현대 과학 이야기를 하는데 갑자기 웬 중세 시대 예술가 이야기를 하는지 의아해할 수 있다. 그렇다. 단테와 서사시 《신곡》 이야기는 현대 과학과는 관련이 없는 이야기다. 하지만 단테가 살았던 중세-근대(세) 대전환의 시기와 같이, 과학계 패러다임을 기준으로 근대 고전역학 시대에서 현대 양자역학 시대로 넘어가는 대전환기에 단테와 같은 상징적인 인물이 있었다. 바로 아인슈타인이다. 비록 아인슈타인과 단테가 살았던 시대와 활약했던 분야는 다를지라도, 아인슈타인이 근대-현대 과학 패러다임 대전환기에 미친 그 영향력과 새로운 시대에 보여준 모습은 단테가 근대 이전 대전환기에 보여준 모습과 꽤 유사한 면이 있다. 그렇기에 아마도 어쩌면 우리는 아인슈타인에게도 단테와 비슷한 수식어 구를 붙일 수 있을지도 모른다. '마지막 근대인' 아인슈타인.

아인슈타인은 근대 고전역학 패러다임이 현대 양자역학 패러다임으로 전환되는 때에 고전역학 세계관을 지구 밖 우주 세계에도 적용될 수 있도록 확장하여 완성했다. 또한 '빛의 이중성'을 강력히 주장했으며, 나아가 드 브로이의 '물질의 이중성'을 지지해 줌에 따라 양자역학이란 새로운 세계관이 등장할 수 있는 새로운 판을 만들어줬다. 하지만 그는 새로운 시대의 옹호자가 아니었다. 그의 관점은 여전히 고전역학 세계관에 머물렀다. 거시 세계와는 다른 움직임을 보이는 미시 세계 운동 현상을 부정하진 않았다. 다만 미시 세계 물질 운동을 해석하는 방식은 코펜하겐 해석의 양자역학이 아니라 여전히 고전역학을 통해 설명돼야 한다고 믿었다.

양자역학을 깨부수기 위해
아인슈타인이 던진 EPR 역설

'신은 주사위 놀이를 하지 않는다'라며 과학 세계에 확률적 접근을 받아들이지 못했던 아인슈타인은 보어 그리고 하이젠베르크 등으로 대표되는 코펜하겐 학파와 논쟁을 펼친다. 그 당시 아인슈타인은 뉴턴을 뒤잇는 과학계 아이콘이었다. 당대를 대표하는 과학계 상징이자 양자역학의 토대를 마련했던 그가 양자역학을 반대한다는 사실만으로도 학계에 큰 이슈였을 것이다. 과학계의 아이콘 아인슈타인과 코펜하겐 학파 수장 보어가 펼친 여러 논쟁은 지금까지도 다양한 방식으로 회자되고 있다. 그중 1935년 과학 저널 《피지컬 리뷰Physical Review》에서 펼친 EPR 논쟁—EPR 역설Paradox—은 아인슈타인과 보어를 각기 지지하는 지지자들 사이에서도 상당한 논쟁을 불러일으켰고, 지금도 많이 회자되는 논쟁

중 하나다. 또한 해당 논쟁은 아인슈타인과 보어 이후 과학 연구자들이 양자역학 본질을 연구하는 데 큰 영감을 주었다.

아인슈타인은 〈양자역학적 물리적 실재의 설명은 완전하다 볼 수 있는가?Can Quantum-Mechanical Description of Physical Reality Be Considered Complete?〉 논문을 1935년 3월 《피지컬 리뷰》 47호에 발표한다.[70] 이때 아인슈타인은 보리스 포돌스키Boris Podolsky와 네이션 로젠Nathan Rosen 두 과학자와 함께 논문을 발표했는데, 논문을 작성한 사람들의 성 앞 글자를 따 해당 논문을 EPR 논문이라 부른다. EPR 논문을 통해서 아인슈타인이 먼저 논쟁의 포문을 연다. 아인슈타인은 논문을 통해서 양자역학의 물리적 실재성을 비판한다. 아인슈타인에 따르면 과학적 실재는 '시스템을 교란하지 않으면서 물리량을 확신―100%의 확률―과 함께 예측할 수 있을 때만이 물리적 실체가 실재할 수 있다'라는 것이다. 이런 관점에서 확률적인 접근을 하는 양자역학은 과학 이론적으로 완전하지 않다는 것이다. 코펜하겐 학파의 수장 닐스 보어는 같은 해 7월 《피지컬 리뷰》 48호에 EPR 논문 제목 그대로 아인슈타인의 주장을 반박하는 논문을 발표한다.[71] 속도와 위치를 동시에 측정할 수 없는 미시 세계의 근본적인 제약을 받아들이고, 상보성이란 개념을 통해서 양자역학을 이해해야 한다고 주장한다. 양자역학이 불완전해 보이는 것은 단지 아인슈타인, 포돌스키, 로젠이 미세 세계에 대한 근본적인 이해가 부족하기 때문이라고 지적한다.

EPR 역설 논쟁 핵심은 '관측'과 '실재' 그리고 '숨은 변수'

두 거장이 서로를 반박하는 주장의 개요를 살펴보면 알 듯하면서도 모르겠다. 게다가 과학 논문에 마치 철학적인 내용도 담긴 것 같다. 실제로 EPR 논문은 양자역학을 실험과 측정에 기반을 둔 과학이 아닌 한갓 선험적인 철학적 사유로 치부하기도 한다. 알 듯 말 듯한 두 거장 간 논쟁의 핵심은 슈뢰딩거 고양이에 문제와 같이 '관측'과 '실재'의 문제를 이야기한다. 즉, EPR 논문에서 아인슈타인과 동료들이 문제 삼은 것은 양자역학이 "관측되지 않은 상태의 실재를 인정하지 않는다"라는 점이었다.

EPR 논문이 이야기하는 '관측'과 '실재'의 문제를 구체적으로 설명하자면 양자역학은 미시 세계 입자는 오직 관측될 때 실재한다고 하지만, 아인슈타인 등은 우리가 알지 못하는 숨은 변수 Hidden Variable가 물리 시스템에서 작동하는데, 그 변수가 관측 이전에 물질을 실재하게 한다는 것이다.

[그림 3-11]에서 보듯, 양자역학 해석에 따르면 한 입자의 상태는 관측되기 전에는 동시다발적인 여러 가능성으로 중첩되어 존재한다. 이 입자는 시간이 지나도 여전히 중첩 상태에 머무르고, 관측이 이루어지는 순간에만 하나의 상태로 결정된다. 참고로 [그림 3-11]에서는 빨간색과 파란색 오직 두 가지 상태가

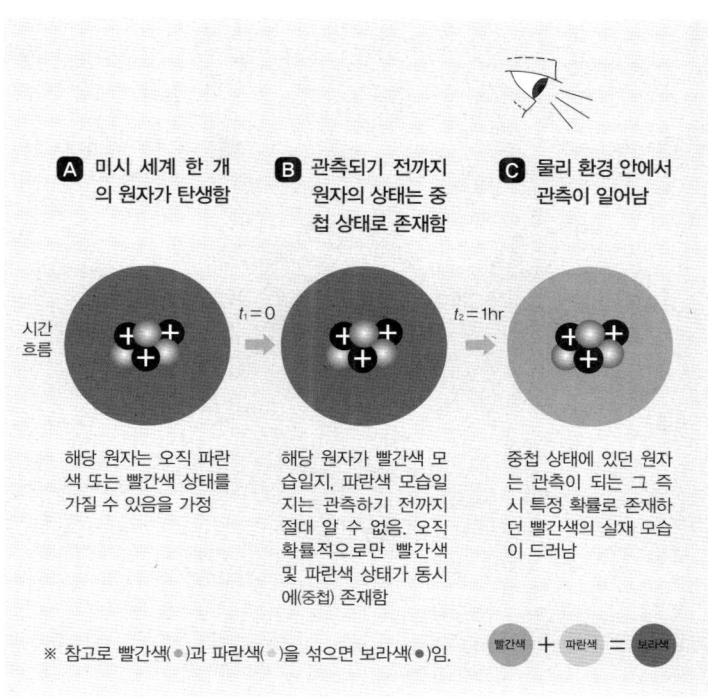

[그림 3-11] 양자역학 관점에서 관측과 실재의 문제

중첩됨을 가정하는데, 관측 결과 두 색 중 한 가지 색으로 실재 모습을 드러낸다. 즉, 관측이 곧 실재를 결정하는 과정이라는 것이다.

반면 아인슈타인은 [그림 3-12]에서 보듯 '숨은 변수'라는 개념을 주장했다. 이는 관측 이전에도 입자의 상태가 이미 결정되어 있다는 견해다. 숨은 변수가 미시 세계에서 먼저 작용해 물리

III 코펜하겐에서 시작된 양자 혁명: 새로운 세계관의 탄생

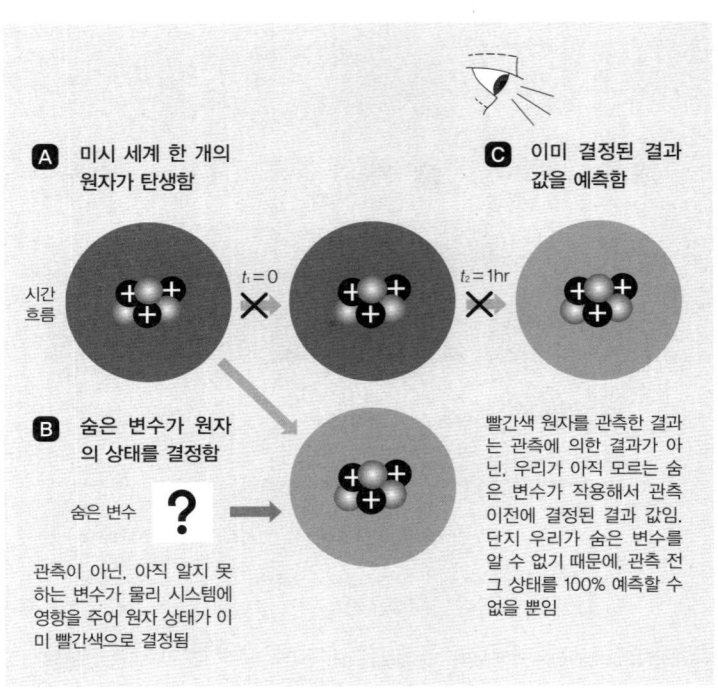

[그림 3-12] EPR 논문에서 이야기하는 관측과 실재의 문제

적 실재를 결정하며, 관측은 단지 그 결과를 드러낼 뿐이라고 본 것이다. 다만 아직 우리가 그 변수를 모를 뿐이다. 훗날 미시 세계를 관측할 수 있는 기술이 발전하면, 그 변수를 파악해 미시 세계 물질의 존재를 100% 확률로 예측할 수 있다고 본 것이다. 숨은 변수 개념을 제시하면서 아인슈타인은 미시 세계를 바라보는 관점을 확률의 양자역학에서 다시 인과율의 고전역학으로 돌리

려고 했다.

이처럼 EPR 논쟁의 핵심은 '관측이 실재를 만드는가' 또는 '실재는 관측과 무관하게 이미 존재하는가?'라는 문제였다. 이러한 관점의 충돌은 이후 양자 얽힘과 벨의 부등식 실험으로 이어진다.

시공을 초월하는 양자 얽힘(비국소성)

EPR 논쟁은 한 가지 사고 실험으로 확장된다. 이 사고 실험에서는 미시 세계 두 입자가 상호작용한 후 분리되는 상황을 가정한다. 이 사고 실험이 보여주는 양자의 상호작용 모습은 이후 '양자 얽힘'이라 불리게 되었다. 참고로 에르빈 슈뢰딩거는 '물리적 거리에 상관없이' 일어나는 미시 세계 입자 사이의 상호작용을 과학자 중 가장 처음으로 '얽힘'이라 표현했다. EPR 논문을 통해서 '양자 얽힘' 현상에 대한 논쟁과 이해가 시작된다. '양자 얽힘'이란, 미시 세계 두 개 이상의 입자가 서로 강력하게 연결되어 상호작용을 하는데, 그 상호작용은 '물리적 거리에 상관없이' 이뤄진다는 것이다. 예를 들어 여기서 이야기하는 상호작용이란 원자 단위의 두 개 입자가 특별한 관계로 연결되어 있을 때, 한 입자가 상태를 변화한 순간 그 즉시 다른 입자의 상태가 변한다는 것이다. 또한 이 입자들의 상호작용은 아무리 멀리 떨어져 있어도 그 즉시 발생한다는 것이 또 다른 핵심이다.

  이와 같은 양자 얽힘 현상에 대해서 비유를 들어 이미지와 함께 설명해 보자. 위 숨은 변수 논쟁에서 예시를 들었던 입자가 이번에는 어떠한 이유로 붕괴하여 두 개의 작은 입자로 쪼개진다. 이때 원자핵이 붕괴된 입자는 일종의 어머니다. 원자핵이 붕괴하여 만들어진 두 개의 작은 입자는 일종의 딸이다. 그리고 두 개의 작은 입자는 일종의 쌍둥이 자매다. 입자 A와 입자 B는 한 어머니를 통해서 탄생한 쌍둥이 자매이기에 특별한 관계로 얽혀 있다고 볼 수 있다. 특별한 관계라는 점을 부각하기 위해서 일종의 엄마와 딸 그리고 자매라는 비유를 했을 뿐이다. 양자 얽힘 현상을 연구하는 과학자는 입자 충돌기를 통해 원자를 붕괴하는 등 여러 방법을 이용하여 입자 간 얽힘을 유도한다.

  이어서 어머니 입자의 원자핵 붕괴로 탄생한, 얽혀 있는 두 개의 딸 입자는 시간이 지남에 따라 서로 떨어진다. 두 딸 입자는 그들의 어머니와 같이 오직 두 가지 상태─빨간색 혹은 파란색─를 가질 수 있다. 나아가 두 딸은 동시에 같은 색 상태를 가질 수 없다. 두 딸에게는 어머니가 가질 수 있는 두 가지 상태 중 서로 다른 상태만이 허용된다. 그 이유를 관련 과학 교양 콘텐츠는 보통 에너지보존 법칙으로 설명한다. 어머니가 가진 에너지(상태)를 넘어서는 혹은 다른 성격의 에너지를 두 딸은 가질 수 없다는 것이다.

양자역학 해석에 따르면 미시 세계 입자인 두 딸 입자 중 누가 빨간색일지 파란색일지 관측 전에 알 수 없다. 왜? 미시 물질세계이기 때문이다. 미시 세계에서 존재의 실재성은 오직 확률로만 존재한다. 관측하기 전까지 실재하지 않는다. 비유적으로 두 딸이 엄마로부터 받은 일종의 유전 정보가 양자 중첩 상태를 유지하고 있다는 것이다. 지금 하는 설명은 그저 양자 얽힘을 더욱 쉽게 설명하기 위한 극단적인 가정이다. 실제로 양자 얽힘 현상을 설명할 할 때는 미시 입자의 스핀Spin의 각도를 가지고 설명하지만, 여기선 양자 얽힘 현상의 간편한 이해를 위해 매우 단순한 설명을 한다.

미시 세계에서 입자 A와 입자 B의 상태는 [그림 3-13]과 같이 관측되기 전까지 실재하지 않는다. 하지만 [그림 3-14]에서 보듯, 입자 A가 관측되면, 중첩 상태에 있던 입자 A는 자신의 상태를 확정한다. 그리고 입자 A의 상태가 결정되자마자 그 즉시 입자 B의 상태가 결정된다. 이것이 단편적으로 설명할 수 있는 미시 세계 양자 얽힘 현상이다. 미시 세계 입자의 존재가 실재하지 않고 확률적으로 존재한다는 것, 관측될 때만 그 존재가 실재한다는 양자역학의 세계관은 이제 제법 익숙하다. 하지만 중첩 상태에 있던 한 입자가 관측되었다고 해서 관측되지 않은 또 다른 입자의 상태가 그 즉시 결정된다는 것은 우리에게 새로운 당혹감을 준다. 더욱이 양자 얽힘 현상을 우주 차원에서 설명한다면, 양

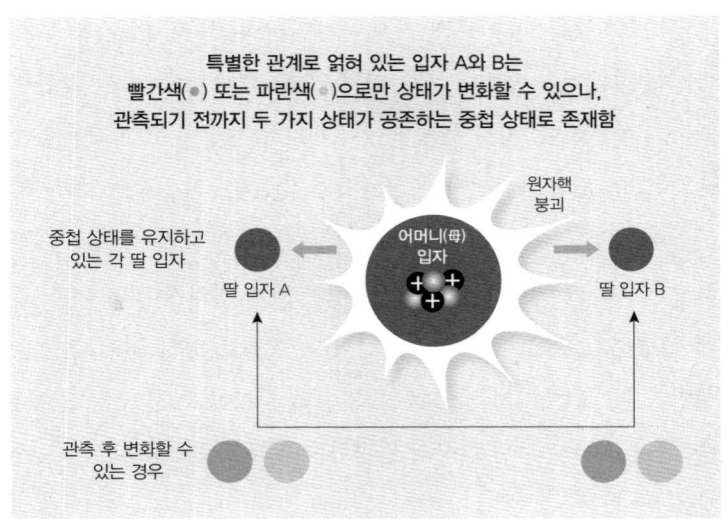

[그림 3-13] 얽혀 있는 두 개의 입자가 중첩 상태에 있을 때

출처: 조앤 베이커, 《일상적이지만 절대적인 양자역학 지식 50》, 〈EPR 패러독스〉 참조, 배지은 옮김, 반니, 2016

자 얽힘을 더더욱 쉽게 받아들이기 어렵다.

우주 차원에서 설명하는 양자 얽힘 현상은 그 특수성을 부각하기 위한 하나의 과장된 사고 실험이다. 참고로 아인슈타인이 EPR 논문에서 아래 예시와 같은 사고 실험을 구체적으로 설명한 것은 아니다. 아인슈타인은 양자 얽힘 현상의 실마리를 매우 간단한 사고 실험을 통해서 제시했다. 이후 좀 더 다양하면서 구체적인 양자 얽힘 사고 실험의 구현과 비유의 발전은 과학자들의 해석이 발전함에 따라 이뤄진 것이다.

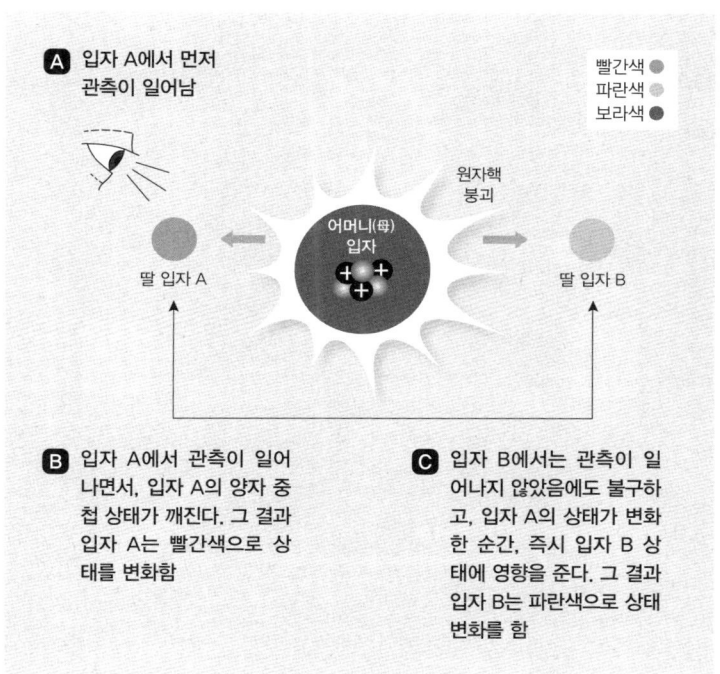

[그림 3-14] 입자 A의 상태가 관측이 될 경우, 입자 B에 일어난 상태 변화

출처: 조앤 베이커, 《일상적이지만 절대적인 양자역학 지식 50》, 〈EPR 패러독스〉, 배지은 옮김, 반니, 2016 참조 편집

[그림 3-15]와 같이 이제 우주 어느 공간에서 한 입자의 원자핵이 붕괴되어 입자 두 개로 나뉘었다. 앞서 양자 얽힘 설명과 같은 상황이다. 하지만 이번에는 중첩 상태에 있는 입자 두 개를 슈뢰딩거 고양이 사고 실험에서 사용했던 특수한 상자에 담는다. 이 상자는 입자가 주변 환경에 관측되지 않게 해주는 특수한 상

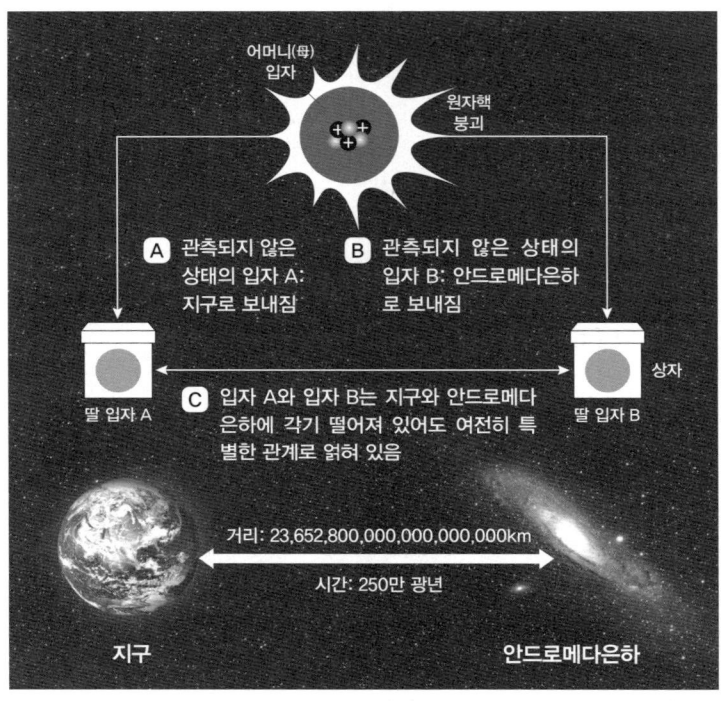

[그림 3-15] 양자 얽힘 현상이 우주 차원에서 나타날 때

자다. 이어서 두 상자를 이제 한 개는 지구로 다른 한 개를 지구로부터 250만 광년 떨어진 안드로메다은하 어딘가에 보낸다. 엄마 입자에서 탄생한 자매 입자인 두 딸 입자 A와 B는 지구와 안드로메다은하에 각기 떨어져 있어도 여전히 얽혀 있다. 두 입자의 상태는 지구에서나 안드로메다은하에서나 여전히 중첩 상태를 유지하고 있어, 빨간색의 모습일지 파란색의 모습일지 아직

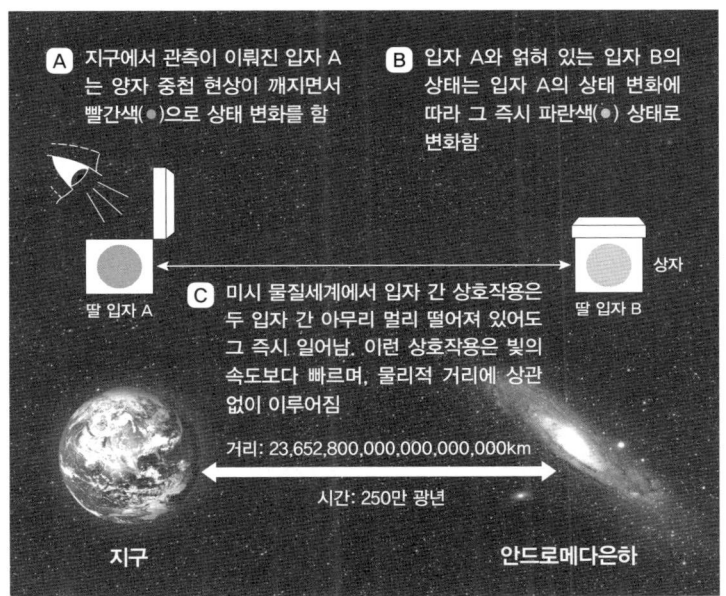

[그림 3-16] 시공을 초월하여 발생하는 입자 간 상호작용, 양자 얽힘

알 수 없다.

이제 지구에 도착한 특수한 상자를 개봉한다. 관측된 입자 A는 자신이 가질 수 있는 두 가지 상태 중 빨간색으로 본인의 상태가 결정되었다고 가정하자. 입자 A와 특수한 관계로 얽혀 있는 입자 B는 입자 A의 상태가 결정되는 그 순간, 그 즉시 자신의 상태는 파란색으로 바뀐다.

비록 입자 B는 특수 상자 밖 안드로메다은하의 환경에서 관측이

되지 않았더라도,

그리고 지구로부터 빛의 속도로 가도 250만 년이 걸리는 곳에 있을지라도,

입자 B의 상태는 입자 A가 확정되는 '그 순간 즉시' 결정된다.

이것이 바로 특수한 관계로 얽혀 있는 미시 세계 입자 간 상호작용은 '물리적 거리에 상관없이' 일어난다는 양자 얽힘의 모습이다. '물리적 거리에 상관없이' 일어나는 상호작용의 특성을 '비국소성非局所性'이라 한다. '비국소성'이란 단어를 직관적으로 이해하기 어려운데 그 반대말은 국소성이다. 이 국소성의 영어 번역은 바로 'Locality'로 한 지역 또는 한 인근이란 뜻이다. 만약 양자 얽힘 현상은 국소적 특징을 가지고 있다고 할 경우엔, 입지 간 상호작용은 공간의 제약을 받으면서 일어난다는 뜻이다. 비국소성을 영어로 표현하면 'Non-locality'로, 한 지역 한 인근이 아님을 뜻한다. 양자 얽힘 현상이 비국소적 특징을 가지고 있다는 의미는, 입자 간 상호작용은 특정한 위치에 한정되지 않는다는 것이다.

하지만 고전역학 세계의 물질 운동은 기본적으로 공간의 제약, 즉 국소성을 고려한다. 예를 들어, 두 물체 간에 어떤 상호작용이 일어난다면, 그 상호작용의 결과는 물리적으로 그들 사이의 거리만큼 시간이 걸려 전달된다. 나아가 특수 상대성 이론 내 광속 불변의 원리에 따라 이 세상에 빛보다 빠른 물질은 없다. 즉, 물

질의 상호작용 속도는 빛의 속도를 넘을 수 없다는 뜻이다. 하지만 양자역학은 미시 세계에서는 거리와 관계없이 빛보다 빠른 속도로 입자 간 상호작용이 일어난다고 본다. 아인슈타인은 이런 양자 얽힘 현상을 보고 "멀리서 일어나는 유령과 같은 작용Spooky action at a distance"이라 표현하기도 했다.

관측 이후에 입자가 실재한다는 해석도, 거리와 관계없이 그 즉시 상호작용을 한다는 현상도 고전역학 세계의 인과율과 양립되기 어려워 보인다. 그렇기에 아인슈타인은 인과율로 미시 세계를 설명하지 못하는 양자역학은 불완전하다고 주장하는 동시에, 확률이 아닌 인과율로 미시 세계를 설명하기 위해선 '숨은 변수'가 필요하다고 역설한 것이다. 숨은 변수가 물리 시스템에서 작용해서 관측 전에 입자의 물리량을 결정한다면, 다시 인과적으로 미시 세계를 볼 수 있다. 다만 아직 우리가 그 변수를 알지 못할 뿐이다. 물론 그 숨은 변수는 빛보다 빨라야 한다는 모순이나 특별한 제약은 여전히 존재한다.

아인슈타인을 마지막 근대인으로 만든
존 스튜어트 벨(벨 부등식)

아인슈타인과 보어의 '숨은 변수' 논쟁은 누가 과학적으로 맞는 이야기를 하는지 그 승부는 당대에 결판나지 않았다. 아니 결판 날 수 없었다. 그 이유는 바로 두 거장의 논쟁은 과학 실험이 아닌 사고 실험이었기 때문이다. 당시 기술 수준으로는 두 사람의 사고 실험을 구현할 수 없었다. 그렇기에 두 사람의 사고 실험을 실제 과학 실험으로 증명할 수 없었다. 두 거장 간 논쟁의 승부는 두 거장이 타계한 이후에 결판이 났다. 승부의 기준점을 제시한 사람은 바로 영국의 물리학자 존 스튜어트 벨John Stewart Bell이다.

영국의 물리학자 존 스튜어트 벨은 1964년 〈EPR 역설에 관해서On the Einstein Podolsky Rosen Paradox〉라는 제목으로 논문을 작성한다. 이 논문에서 벨은 아인슈타인의 국소적 숨은 변수 이론이 맞을지 아니면 비국소성을 주장하는 양자역학이 맞는지 판별할 수 있는 '벨 부등식Bell Inequality'을 제시한다. 벨은 사실 아인슈타인의 숨은 변수를 지지하는 과학자였다. 그래서 벨 부등식의 목적은 아인슈타인의 국소적 숨은 변수 이론이 맞음을 증명하기 위해 고안된 수학적 장치다. 벨 부등식의 내용은 너무 방대하여 그 설명이 이 지면에서는 어렵다. 여기서 부등식이 등장한 이후의 승부만을 다루겠다.

벨 부등식을 통해 결판난 양자 얽힘 논쟁의 승부는 양자역학의 승리로 지속적인 판결이 나고 있다. 존 스튜어트 벨이 승부의 기준점을 제시한 이후, 1970년대부터 물리학자들은 광자 등을 이용해 양자 얽힘 상태를 구현하며 벨 부등식을 입증해 왔다. 지금까지 결과 대부분은 아인슈타인의 숨은 변수 이론이 아닌, 양자역학이 옳다는 것을 보여준다. 스웨덴 왕립과학원은 2022년 알랭 아스페Alan Aspect, 존 클라우저John F. Caluse, 안톤 차일링거Anton Zeilinger에게 노벨물리학상을 수여하는데, 이들은 벨 부등식을 검증해 양자역학의 비국소적 얽힘 현상을 입증한 공로를 인정받아 수상하게 되었다.

여러 과학 평론가가 말하길, 존 스튜어트 벨이 더 오래 살아 있었다면 그 역시도 노벨 물리학상을 받았을 것이라 이야기한다. 하지만 그가 수상했다면, 그의 의도와 반대로 양자역학을 입증한 공로로 수상했었을 것이다. 또한 결과적으로 존 스튜어트 벨은 아인슈타인의 생각, 즉 고전역학적 세계관이 미시 세계에도 유효함을 증명하고 싶었지만, 본의 아니게 아인슈타인을 마지막 근대인으로 머물게 하고 말았다.

'마지막 근대인' 아인슈타인. 아인슈타인에게 붙는 수식어 중 참으로 낯선 수식어다. 그 낯섦이 도리어 좋다. '천재', '거장', '창시자', '아이콘', '혁명가' 등 대개 아인슈타인을 설명할 때 붙는 수식어들은 진부하다. 아인슈타인도 그러한 수식어에 이제는 좀 질리지 않았을까?

'마지막 근대인' 두 단어는 내가 양자역학 패러다임이 수립되는 때 아인슈타인이 보여주었던 모습을 보자마자 '마지막 중세인' 단테의 모습과 교차하며 생각난 수식어다. '마지막 중세인' 단테, 사실 그에게 이어서 붙는 또 다른 수식어가 존재한다. '최초의 근대인' 단테. 유럽 중세와 근대(세) 대전환기 유럽 문화사에 지대한 영향을 미친 단테의 모습과 같이, 근대와 현대 대전환기 과학사에 막대한 영향을 미친 지금까지의 아인슈타인의 모습을 보면, 우리는 충분히 아인슈타인 그에게 '감히' 또 다른 수식어를 붙여줄 수 있을지도 모르겠다.

'최초의 현대인, 아인슈타인.'

양자 얽힘의 쓸모

자, 이제 양자 얽힘 이야기를 마무리해 보자. 더욱 실용적인 방식으로 말이다. 양자 얽힘 현상을 믿기는 어렵겠지만 그 자체로 놀랍긴 하다. 그렇지만 이 양자 얽힘 현상이 현실을 살아가는 우리에게 왜 중요할까? 왜 알아야 할까? 어떤 쓸모가 있다는 것인가?

한 입자가 관측되어 그 상태가 결정되어 얽혀 있는 다른 한 입자의 상태에 영향을 주었다는 것은, 일종의 한 입자의 상태 '정보'가 얽혀 있는 다른 입자에 전달됐다는 의미다. 그리고 미시 세계에서 정보 전달은 시공을 초월한다. 그렇다. 양자 얽힘 현상은 양자 중첩 현상과 함께 인간이 시공을 초월한 통신 기술과 계산(컴퓨팅) 기술을 가질 수 있게 하는 실마리와 같은 단서이자, 양자 세계의 핵심이다. 양자 세계의 핵심 원리를 이용해 시공을 초월한 통신과 계산 기술을 일러 '양자 통신' 그리고 '양자 컴퓨팅'이라 한다. 물론 상용화된 양자 통신과 양자 컴퓨팅 기술을 확보하기까지는 아직 더 많은 시간과 더 많은 기술적 성숙이 필요한 게 사실이다. 지구 나아가 우주라는 환경 속에서 미시 세계 입자가 관측되지 않은 중첩 상태를 장시간 유지하면서 여러 기술적 변화를 준다는 것은 극히 어려운 일이기 때문이다. 그렇기에 누군가는 양자 세계를 제어하는 일을 신의 영역이라 한다.

하지만 지금의 인류는 양자 세계에서 발견한 실마리 같은 단서를 이용해 양자컴퓨터와 양자 통신 기술을 개발하고 있다. 인간이 고유한 의지로 자연 변화를 극복해 왔던 존재이기 때문일까? 아니면 순수한 지적 호기심 때문일까? 실제로 지금 인류가 양자 기술과 관련해서 상당히 의미 있는 결과물을 내놓고 있는 것 역시 사실이다. 게다가 양자컴퓨터와 양자 통신 기술이 상용화되면, 그 파급력은 지금까지 1~3차 산업혁명이 가지고 온 파급력의 총합을 뛰어넘을지도 모른다.

2장과 3장에서는 '양자 중첩'과 '양자 얽힘' 현상을 중심으로 양자역학의 기본이 되는 내용을 살펴보았다. 그뿐만 아니라 코펜하겐 학파의 양자역학 패러다임이 자리 잡기까지 일련의 위대한 과학적 발견의 서사도 함께 이야기해 봤다. 이제 4장에서는 양자 중첩과 양자 얽힘을 통해서 구현될 양자 기술, 그중에서도 양자 컴퓨터에 관해서 이야기하고자 한다.

Part 2

프로메테우스의 불, 양자컴퓨터

IV

아직 완성되지 않은 양자 기술 혁명 : 양자컴퓨터

양자 혁명,
부분과 전체의 새로운 관계

물질의 이중성이 왜 나타나는지 그 이유는 몰라도 오늘날 양자물리학자들과 관련 공학자들은 양자 세계의 모습을 지금까지 살펴봤듯 매우 정확히 이해하고 있다. 그리고 원자 세계에 대한 이해를 바탕으로 20세기 중반부터 다양한 과학·기술 분야에서 비약적인 발전이 일어난다.

대표적으로 정보 혁명이라 불리는 3차 산업혁명이 시작된다. 정보 혁명을 가능하게 한 핵심 기술은 바로 반도체다. 반도체는 아날로그 세상의 정보를 디지털 정보로 변환해서 컴퓨터에 저장하고 가공한다. 전 세계 컴퓨터에 저장된 디지털 정보는 인터넷 통신 네트워크에 연결되어 공유된다. 공유된 디지털 정보는 편집되어 가치 있는 새로운 정보로 재탄생한다. 이런 일련의 과정이 전 세계 사람들 간 자발적으로 이뤄지고 폭발적으로 확대되어 정보 혁명이 일어났다. 이 같은 정보 혁명이 기술적으로 가능했던 이유는 전자 운동을 이해하고 특정한 환경(반도체)을 조성하여 전자를 제어할 수 있었기 때문이다. 다시 말해서, 반도체를 개발하기 위해선 전자를 알아야 하고, 전자를 알기 위해선 양자역학을 알아야 한다.[72] 즉, 양자역학은 전자를 제어할 수 있는 반도체 기술의 이론적 토대가 된 것이다.

양자역학 발전의 효과는 정보 혁명에서 그치지 않는다. 양자역학은 현대 화학과 생물학 탄생에도 적잖은 영향을 미쳤다.

원자 세계를 이해한 화학자들은 원소의 화학적 결합 원리를 알게 된다. 물질의 조성과 변화를 더욱 체계적으로 설명할 수 있게 된 이후 현대 화학 시대가 열린다. 그 이전까지 화학자들은 원소들의 성질과 관계를 알고 있었지만 왜 그런 특성을 보이는지 원리적으로 설명할 수 없었다.[73] 비로소 화학 결합 원리를 이해한 화학자와 공학자들은 기술적으로 화합물 형성하여 새로운 물질을 개발한다. 그리고 산업적 혁신을 통해서 양산된 새로운 물질들은 인간이 사용하는 모든 것의 원료와 부품으로 사용되어, 모든 산업의 비약적인 발전을 촉발한다.

이어서 현대 물리학과 현대 화학의 토대 위에서 현대 생물학이 탄생한다. 원자는 물질의 기본 단위이며, 두 개 이상의 원자는 화학적 결합을 이뤄 분자가 된다. 그렇기에 현대 물리학과 현대 화학의 발전은 분자 단위 물질세계를 이해하는 데 도움을 준다. 현대 물리학과 현대 화학에서 영감을 받은 생물학자들은 생물의 유전 정보를 저장한 분자, DNA 구조를 규명한다. DNA를 발견한 이후 생물학자들은 인간을 비롯한 생물의 생물학적 변화를 근본적으로 탐구할 수 있게 된다. 이는 DNA가 세포 안에 들어 있어 세포가 어떤 일을 할지를 결정하기 때문이다. 현대 생물학의 발전 역시나 관련 산업의 발전으로 이어진다. 생명공학의 발달로 유전자 복제를 통해 복제 동물을 만들고 더 나아가 유전자 조작을 통해서 질병의 치료까지 시도하고 있다. 그리고 누군가는 20세기는 물리학과 화학의 시대였다면 21세기는 생명공학의 시대라고 말하기도 한다.

위 사례와 같이 양자역학 발전의 파급효과는 물리학에서만 머물지 않고, 빛의 입자가 파동 운동하는 것과 같이 널리 퍼져 나갔다. 또한 그 영향력은 한 분야의 혁명을 촉발할 만큼 크다. 이 지점에서 우리는 "양자역학 발전의 영향이 물리학에 그치지 않고 다른 분야까지 미칠 수 있었던 이유는 무엇일까?"라는 또 다른 질문을 생각해 볼 수 있다.

그 이유는 물리학계 슈퍼스타 리처드 파인먼이 한 말로 대신할 수 있겠다. 바로, "세상 모든 것은 원자로 이루어져 있기 때문이다All things are made of atoms." 이 말은 파인먼이 "지구에 재앙이 닥쳐 인류 문명이 모조리 파괴되고 과학 지식이 전부 사라졌을 때, 딱 한 문장만 남길 수 있다면 무엇을 남기겠느냐는 질문에 한 대답이다. 이처럼 세상의 모든 것은 원자로 이루어져 있고, 양자역학은 원자를 이해하는 학문이기 때문에 양자역학의 발전이 다른 분야 학문의 이해를 높여 발전하는 데 도움을 주었다는 관점을 '환원주의Reductionism'라 한다. 환원주의는 복잡한 현상을 이해할 때, 그 현상을 구성하는 요소들을 나누고, 나눠진 구성 요소를 각기 이해해서 전체를 이해할 수 있다는 접근법이다.

앞서 양자역학 발전이 다른 분야에 미친 영향을 설명한 것처럼, 원자에 대한 이해가 분자에 대한 이해를 돕고, 분자에 대한 이해를 통해서 DNA 규명하고, DNA를 이해함으로써 생물의 세포를 이해할 수 있다. 이 연결고리 끝에는 사람에 대한 이해가 있을 것이다. 이처럼 전체를 이해하기 위해선 부분을 이해해야 한다는 관점은 상식적으로 받아들여진다. 아무래도 전체를 구성하는 부분을 알 수 있다면, 전체를 이해하는 데 어떻게든 도움이 될 수 있지 않을까?

이런 환원주의 접근법은 과학 연구 방법론의 기본이라 할 수 있다. 그렇기에 과학적 접근을 추구하는 사람들은 어떤 대상을 분석할 때 열심히 쪼갠다. 중복 없이 그리고 빠짐없이 최대한 쪼갤 수 있을 만큼 대상을 쪼갠다. 애초에 분석分析이란 단어의 구성 자체가 나누고分 또 나눈다析는 뜻이다.

물론 환원주의 접근법이 항상 위력을 발휘하는 건 아니다. 부분들이 모여서 하나의 전체를 이룰 때, 부분의 합으로 설명할 수 없는 또 다른 하나의 모습이 나타나기 때문이다. 예를 들어 분자 단위 DNA를 저장하고 있는 한 생명체의 세포가 분열해 여러 조직 기관이 형성되면, 이때 각 조직 기관의 기능과 구조는 개별 분자와 세포로 설명할 수 없는 모습을 창출한다. 더 나아가 이러한 조직 기관을 가진 생명체들은 집단으로 모일 때 단순한 개별 생명체의 행동과 또 다른 복잡한 집단행동 양식을 보인다. 대표적인 사례들로, 개별 개미는 단순한 행동을 반복할 뿐이지만, 개미 군락 전체 관점에서 개미들은 먹이 찾기, 둥지 짓기 등 복잡한 행동을 하고 있다. 군집 비행을 하는 새들의 경우, 개별 새들은 단순한 날갯짓의 비행을 하고 있지만, 여러 새들이 모인 군집 비행은 포식자로부터 보호, 비행 에너지 절약 등 여러 목적 기반의 비행을 수행한다. 이와 같은 현상을 창발Emergence이라 한다. 그리고 환원주의와는 대립하는 개념으로 전체를 꼭 부분으로 나누어 이해할 수 없고, 전체 상호작용을 이해해야 한다는 관점을 전일주의Holism라 한다. 다만 이 두 개념은 개념적으로만 대립할 뿐이지, 배척되는 연구 방법론이 아닌 상호보완적인 관계로 활용되고 있다.

전일주의 관점에서 물질을 구성하는 기본 단위인 원자를 알았다고 해서 원자로 구성된 모든 것을 이해하고 설명할 수 있는 건 아니지만 환원주의 관점에서 그간 몰랐었던 원자 세계를 이해함으로써, 물질 세상의 이해를 넓히고 그 이해의 깊이를 구할 수 있었다. 실제로 양자역학 발전 이후 도래한 과학·기술 문명의 변화는 광대하다.

새로운 양자역학 기술 태동

하지만 세상의 선지자들은 양자역학 토대 위에서 일군 그간의 기술 발전을 뛰어넘는 새로운 기술이 도래하고 있다고 이야기하고 있다. 물론 그 기술 역시도 양자역학 세계 안에서 실현이 가능한 기술이다. 이런 선지자들의 이야기는 새로운 이야기는 아니다. 이 기술의 필요성과 당위성은 이미 40여 년 전부터 제기되었다. 다만 40여 년 전에는 이 기술이 구현될 수 있는 환경이 아니었을 뿐이다. 시간이 지나 이 기술의 필요성과 당위성은 더욱 커지고 개발 환경 역시 개선되었다. 그 기술의 정체는 바로 양자컴퓨터다.

양자컴퓨터는 무엇이고 기존 컴퓨터와 어떻게 다른가?

"자연은 고전적이지 않아요, 젠장. 만약 당신이 자연을 시뮬레이션하고 싶다면 양자역학적으로 만드는 게 낫습니다. 그리고 정말 놀라운 문제 입니다. 왜냐하면 그리 쉬워 보이지 않기 때문이에요."

— 리처드 파인먼 —

자연을 닮은 컴퓨터, 양자컴퓨터

1981년 리처드 파인먼이 엠아이티MIT에서 열린 물리학 및 컴퓨터 과학 학술회의에서 위와 같은 발언을 했다.[74] 파인먼의 이 발언은 양자컴퓨터가 무엇이고 왜 필요한지에 대한 핵심을 매우 압축적으로 담고 있다. 이 같은 그의 발언은 양자컴퓨터에 대한 영감이 되어, 이후 양자컴퓨터 연구를 촉발한다. 그렇다면 리처드 파인먼은 왜 자연을 닮은 양자 시뮬레이터(컴퓨터)가 필요하다고 한 것인가?

파인먼의 이야기를 살펴보자면, 우리가 일상에서 쓰고 있는 컴퓨터는 반도체를 통해서 정보를 0과 1 이진법 즉, 디지털 방식으로 변환해서 정보를 처리한다. 이런 정보 처리 방식을 고전적 계산이라고 하는데, 디지털 컴퓨터는 정보를 고전역학의 결정론적 방식과 같이 비트(Bit, 0과 1) 형태로 명확히 결정하여 처리한다. 하지만 우리가 관찰하는 가장 작은 원자 세계는 잘 알다시피 양자 중첩 상태인 확률적으로 움직인다. 즉, 원자 세계를 연구하기 위해서 디지털 컴퓨터로 시뮬레이션하는 방식은 기본적으로 적합하지 않다는 것이다. 좀 더 자연을 자연답게 계산하고 연구하기 위해선 이진법의 비트가 아니라, 양자 중첩 현상 이용해서 자연 세계를 시뮬레이션하는 방식이 필요하다는 것이다.

또한 과학자들이 자연을 연구할 때 맞이하는 기본적인 숫자 단위는 수조 단위다. 성인 인간의 세포 수만 해도 30~60조 개다. 조 단위의 많은 정보를 디지털 컴퓨팅 방식으로도 매우 빨리 계산할 수 있지만, 조 단위 그리고 다양한 형태의 정보를 0과 1로 일일이 변환해서 계산하는 것은 번거로운 일처럼 보인다. 물론 정보를 디지털 방식으로 처리해서 계산하는 것은 지금 컴퓨터가 가질 수 있는 가장 효율적인 방법인 것은 맞다.[75] 하지만 파인먼이 이야기하는 것처럼 양자 중첩 현상을 이용해서 수조의 정보를 단 한 번에 처리할 수 있다면 지금의 디지털 컴퓨터보다 더 효율적으로 계산을 할 수 있을 것 같지 않은가? 이것이 바로 파인먼이 이야기한 자연을 닮은 컴퓨터, 양자컴퓨터 개념의 시작이다.

반도체의 디지털 컴퓨터와 양자 중첩의 양자컴퓨터, 무엇이 다른가?

그렇다면 이어서 두 가지 질문을 생각해 볼 수 있다. 양자 중첩 현상을 이용해서 어떻게 계산한다는 것인가? 그리고 어떤 장점이 있기에 양자 중첩을 활용한 계산이 필요하단 것일까?

고전 컴퓨터가 데이터를 표현하고 처리하는 가장 작은 정보 단위를 비트[Bit]라 한다. 비트는 0 또는 1 두 가지 상태만 가질 수 있다. 그래서 컴퓨터는 모든 숫자, 시각, 청각 등 정보를 0 또는 1로 변환해서 처리하고, 계산하고, 보여준다.

우리가 3 더하기 7을 계산한다고 해보자. 우리는 3 더하기 7을 머릿속에서 바로 계산해 "10"이라고 말할 수 있다. 하지만 컴퓨터는 그렇게 단순하지 않다. 컴퓨터는 먼저 3과 7을 자신이 이해할 수 있는 언어, 즉 0과 1로 바꾼다. 3은 11, 7은 111이라는 이진수로 바꿔고, 그제야 컴퓨터는 11+111을 계산해 1010이라는 값을 만든다. 이 1010은 다시 십진수로 바꾸면 우리가 알고 있는 10이 된다.[76]

이런 방식은 숫자 계산뿐 아니라 이미지에도 똑같이 적용된다. 가령 사람이 눈웃음(^_^) 짓는 얼굴을 그림으로 그려 컴퓨터에 저장한다고 하자. 사람은 눈과 입이 있는 그림을 보고 '눈웃음 짓는 얼굴'이라 인식하지만, 컴퓨터는 이 그림을 흑백 칸으로 나누고 각 칸이 검은색이면 1, 흰색이면 0이라는 숫자로 변환한다. 즉 컴퓨터는 ^_^ 부분만 검은색(1), 나머지 영역은 흰색(0)으로 표현한다. 이렇게 변환된 0과 1의 배열, 즉 '비트맵'이라는 방식으로 이미지를 기억하고 표현하는 것이다.[77] 다시 말해, 우리 눈에 보이는 그림도 결국은 컴퓨터 안에서는 숫자들의 조합일 뿐이다.

결국 컴퓨터의 세계는 '0과 1'이라는 단 두 가지 상태로 모든 정보를 표현하고 계산한다. 이처럼 단순한 이진 논리를 기반으로 엄청난 양의 데이터와 복잡한 작업을 처리해 내는 것이 고전 컴퓨터의 원리다.

양자컴퓨터 역시도 정보를 0과 1을 이용해 표현하고 처리를 하는데, 기존 컴퓨터와 다른 점은 양자컴퓨터는 전자가 존재할 수 있는 모든 곳에 확률적으로 동시에 존재한다는 양자 중첩 원리를 이용해서 하나의 비트 0과 1의 값을 동시에 갖게 한다. 그리고 이런 양자컴퓨터 정보의 단위를 우리는 퀀텀 비트[Quantum Bit] 또는 큐비트[Qubit]라 부른다. 한 개의 비트가 동시에 0과 1의 값을 가질 수 있다는 것은, 이중 슬릿 실험에서 하나의 전자가 동시에 이중 슬릿을 지날 수 있는 것과 같은 원리로 볼 수 있다.[78]

큐비트 정보가 중첩되었다는 것을 조금 더 구체적으로 설명을 해보자. 기본적으로 컴퓨터가 정보를 처리할 수 있는 용량은 사용할 수 있는 비트의 개수에 따라 결정되는데, 비트 수가 증가함에 따라 컴퓨터가 처리할 수 있는 정보의 양은 2^n만큼 증가한다. 예를 들어 고전 컴퓨터가 두 개의 비트를 가지고 있다면, 그 컴퓨터는 $2^2=4$, 네 개의 정보를 처리할 수 있다. 그리고 해당 고전 컴퓨터는 가질 수 있는 네 개 정보 [0,0], [0,1], [1,0], [1,1] 중 특정 한 가지 상태만을 확정해서 정보를 처리할 수 있다. 하지만 양자컴퓨터가 두 개의 큐비트를 가지고 있다면, 양자컴퓨터는 네 가지 정보를 중첩해서 처리한다. 즉, 양자컴퓨터가 정보를 중첩하여 처리한다는 것은 [0,0], [0,1], [1,0], [1,1] 네 가지 상태를 확률 분포로서 동시에 정보를 처리한다는 뜻이다.[79]

고전 컴퓨터는 반도체를 통해서 전자를 디지털 방식으로 제어하면서 계산한다. 양자컴퓨터는 광자, 전자 등 미시 세계 입자 본래의 특성을 이용한 양자 중첩 방식으로 계산한다. 물론 고전 컴퓨터와 양자컴퓨터의 계산 원리와 기계적 작동 방식은 이처럼 단순하진 않다. 하지만 매우 기본적인 개념으로도 양자 중첩 현상을 이용한 양자컴퓨터가 어떤 가치를 가지는지 직관적인 설명을 충분히 할 수 있다.

양자컴퓨터가 고전 컴퓨터보다
빠르다는 진짜 의미

고전 컴퓨터든 양자컴퓨터든 계산이라면 같은 계산을 하는 장치인데, 굳이 양자 중첩 현상을 이용해서 계산할 필요성은 무엇인가? 바로 양자컴퓨터가 고전 컴퓨터보다 더 빠른 속도로 계산할 수 있기 때문이다. 전문가들은 그 빠르기를 현존하는 슈퍼컴퓨터보다 1억 배가량 빠르다 소개한다. 그렇다. 양자컴퓨터는 고전 컴퓨터보다 빠르다. 하지만 양자컴퓨터는 고전 컴퓨터보다 항상 빠르진 않다. 양자컴퓨터가 고전 컴퓨터보다 빠른 속도를 보이기 위해선 특정한 조건과 상황이 필요하다. 또한 고전 컴퓨터와 비교하여 설명하다 보니 양자컴퓨터가 슈퍼컴퓨터보다 1억 배 빠르다고 이야기할 수 있다. 하지만 양자컴퓨터가 고전 컴퓨터보다 빠르게 계산하는 그 방식이 다르기에, 동일선상의 기준으로 1억 배 빠르다고 이야기하기 어렵다.

앞서 양자컴퓨터는 양자 중첩 현상을 이용해서 정보를 한 번에 처리한다고 설명했다. 그렇다면 여러 정보를 동시에 처리한다는 것이 어떻게 빠르게 계산할 수 있다는 개념과 연결될까? 컴퓨터는 기본적으로 이진법으로 정보를 처리하고 표현한다고 했다. 그리고 컴퓨터가 다룰 수 있는 비트의 숫자가 증가할수록 컴퓨터가 처리할 수 있는 정보의 양은 2의 거듭제곱(2^n)으로 늘어난다.

한 컴퓨터가 비트 열 개를 가지고 정보를 처리할 수 있다고 하면, $2^{10}=1,024$개의 정보를 처리할 수 있는 능력을 갖추고 있다.

예를 들어 컴퓨터가 1,024개 정보를 처리할 수 있는 능력을 갖추고 있으며, 그 컴퓨터에 어떤 계산 문제를 주었다. 그 문제는 1,024개 문제 중 한 개의 정답만을 찾아내야 하는 문제다. 이때 고전 컴퓨터는 그 하나의 정답을 찾기 위해서, 1,024개의 모든 경우의 수를 계산한 후에 찾고자 하는 결괏값 도출한다. 하지만 양자컴퓨터는 양자 중첩 원리를 이용해서, 1,024개의 모든 경우의 수를 동시에 그리고 단 한 번에 계산하여 원하는 정보를 찾아낸다.

양자컴퓨터가 고전 컴퓨터보다 계산 속도가 빠르다는 개념을 좀 더 체감될 수 있도록 비유를 통해서 설명해 보겠다. [그림 4-1]과 같이 갈림길이 매우 복잡한 미로가 하나 존재한다. 그 미로의 입구와 출구는 오직 한 개만 존재한다. 입구에서부터 출구까지는 1,024개의 미로 경로가 있다고 가정해 보자. 이제 어떤 한 사람이 그런 복잡한 미로 입구 앞에 있다. 이 사람은 내비게이션을 이용해서 미로에서 탈출하고자 한다. 이때 고전 컴퓨터는 미로 1,024개 경로 하나하나 일일이 차례대로 계산해서 탈출구 경로를 찾아낸다. 하지만 양자컴퓨터 기반의 내비게이션은 1,024개 경로를 동시에 검토한다. 또한 동시에 막다른 길의 경로는 제외하면서, 단 하나의 목적지를 취사선택하여 찾아낸다.[80]

이제 양자 중첩 현상을 이용해서 계산하는 양자컴퓨터가 고전 컴퓨터보다 왜 **빠를** 수 있을지 감이 오는가? 양자컴퓨터가 기존 컴퓨터보다 빠를 수 있는 이유는 바로 양자 중첩 원리를 통해서 계산 횟수를 줄일 수 있기 때문이다. 양자컴퓨터 계산의 **빠름**은 고전 컴퓨터처럼 하나하나 계산하는 그 속도를 기준으로 경쟁하는 것이 아니다. 양자컴퓨터는 계산해야 하는 여러 경우의 수를 동시에 검토하면서 한 번에 그 결괏값을 찾아내기에 **빠를** 수 있는 것이다.

양자컴퓨터의 위력은 계산할 수 있는 용량, 큐비트가 증가할수록 그 위력은 더 강해질 것이다. 가령, 양자컴퓨터가 열 개의 큐비트를 계산할 때는 1,024개의 정보를 동시에 처리한다지만, 지금 우리가 사용하고 있는 고전 컴퓨터 역시도 매우 발전하여 1,024개의 정보를 매우 이른 시간에 계산할 수 있다. 하지만, 큐비트가 20개, 30개, 50개일 경우를 생각해 보자. 이때 양자컴퓨터가 동시에 처리할 수 있는 정보의 수는 큐비트 20개는 '백만', 큐비트 30개 '십억', 큐비트 50개 '천조' 단위로, 기하급수적으로 그 처리 용량이 늘어난다.* 반면 일반 고전 컴퓨터가 같은 수준의 20개, 30개, 50개 비트를 가지고 계산한다고 했을 때, 백만, 십억, 천조 개의 정보를 일일이 하나하나 계산한다고 생각해 보자.

● 2^{20}=1,048,576, 2^{30}=1,073,741,824, 2^{50}=1,125,899,906,842,624

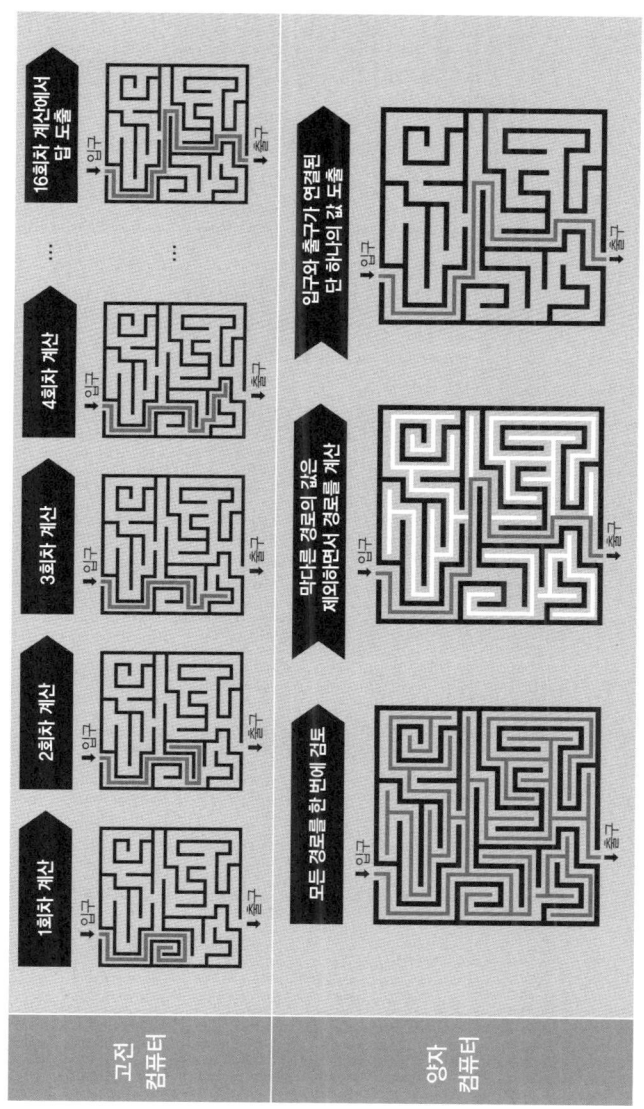

[그림 4-1] 양자컴퓨터가 고전 컴퓨터보다 계산을 빨리할 수 있는 이유, 미로의 비유

*출처: 다케다 슌타로, 전종훈 옮김, 《처음 읽는 양자컴퓨터 이야기》, 플루토, 2021 참조 편집

IV 아직 완성되지 않은 양자 기술 혁명: 양자컴퓨터

물론 고전 컴퓨터도 계산할 수 있지만, 계산 속도 역시 기하급수적으로 느려질 것이다. 물론 아직 양자컴퓨터의 개발 단계는 극초기 단계로 고전 컴퓨터의 계산 용량과 속도를 뛰어넘지 못하고 있다. 하지만 양자컴퓨터가 발전하여 상용화될 경우를 상상해 보자. 천문학적인 숫자를 단 한 번에 계산할 수 있는 역량을 갖추게 되는 것이다. 이것이 바로 양자컴퓨터의 위력이다.

양자컴퓨터는 왜 필요한가?

양자 우위

인간의 세포 수는 약 30조 개다. 지구 대기에는 10^{44}개의 분자가 존재한다. 지구상에 미생물은 약 10^{30}개로 추정된다. 그리고 지구상 수십억 인류는 매일 소비하고 창조해 내는 정보의 양은 기하급수적으로 늘어나고 있다. 또한 인류가 맞이하고 있는 여러 자연재해, 기상이변, 사회 갈등 문제는 점점 더 복잡해지고 그 수가 늘어나고 있다. 자연이 가진 숫자, 인간이 생산해 내는 정보, 점증하고 있는 문제 그 자체가 천문학적인 숫자들이다. 자 이제 느낌이 오는가? 아직 양자컴퓨터가 상용화되진 않았지만, 그리고 상용화까진 아직 그 길이 멀어 보이지만, 왜 양자컴퓨터가 필요한지?

양자컴퓨터는 천문학적인 숫자를 단숨에 계산할 수 있는 거대한 잠재력이 있다. 하지만 그 거대한 잠재력 혹은 위력은 항시 발휘되는 것은 아니다. 양자컴퓨터가 위력을 발휘할 수 있는 가장 기본적인 조건은 대량의 데이터를 처리할 때다. 어떤 지점에서부터 양자컴퓨터의 위력이 발휘할 수 있을 진 모르지만, 기본적으로 대량의 연산을 할 때 양자컴퓨터가 필요하다. 양자컴퓨터가 위력을 발휘하지 못하는 데이터 양은 기존 고전 컴퓨터가 더 좋은 효율을 발휘한다. 그렇기에 양자컴퓨터와 고전 컴퓨터는 온전한—이른바 인공지능을 포함한—컴퓨터 계산 능력을 확보한다는 측면에서 상호 보완재의 관계이지, 대체재 관계가 아니다.

그리고 양자컴퓨터가 위력을 발휘하는 그 지점을 우리는 양자 우위Quantum Supremacy라 한다. 양자 우위란, 특정 문제를 해결하는 데 있어 양자컴퓨터가 고전 컴퓨터로는 도달할 수 없는 속도와 효율성을 보여주는 상태를 뜻한다. 이 개념은 2011년, 미국 캘리포니아공대Caltech의 물리학자 존 프레스킬John Preskill이 처음 제안했다. 양자 우위는 단순히 '양자컴퓨터가 빠르다'라는 차원이 아니다. 고전 컴퓨터로는 시간과 자원의 한계로 인해 접근조차 어려운 계산을, 양자컴퓨터는 현실적인 시간 안에 해결할 수 있는 전환점을 의미한다. 물론 모든 문제에서 양자컴퓨터가 항상 빠른 것은 아니다. 양자컴퓨터의 진짜 위력은, 데이터 양이 많고 문제의 복잡성이 어느 '임계치'를 넘는 순간부터 드러나기 시작한다. 그 지점에서부터 비로소 양자 우위가 실현될 수 있다. 이 임계점은 문제의 성격에 따라 달라지며, 간단한 문제는 최소 50~70큐비트, 실용적인 문제는 수백에서 수천 큐비트 이상이 필요하다는 것이 전문가들의 일반적 견해다.

 양자 기술은 아직 초기 단계지만, 공신력 높은 학술 저널을 통해서 유의미한 양자 우위를 달성했다는 소식도 존재한다. 구글은 2019년 과학 학술지 《네이처Nature》에 고전 슈퍼컴퓨터로 약 1만 년이 걸리는 특정 문제인 난수 증명을 200초에 풀었다고 발표했다. 이 양자컴푸터 프로세서 이름은 시카모어Sycamore로 53개의 큐비트로 계산을 해냈다고 한다. 하지만 문제는 해당 양자컴퓨터가 해결한 문제는 실용성이 매우 낮은 문제이며, 양자 우위를 증명하기 위해 특별히 디자인된 과제라는 점이다.[81] 달리 말하자면, 양자컴퓨터가 더 잘 계산할 수 있는 문제를 정해놓고 경쟁시킨 것이다. 또한 미국의 정보기술 기업 아이비엠IBM은 구글 시카모어가 푼 난수 증명 문제는 슈퍼컴퓨터로 2.5일이 걸려 풀 수 있는 문제였음을 지적하며, 구글이 주장하는 양자 우위는 과대평가되었다고 반박하기도 했다.[82] 그런데도 슈퍼컴퓨터로 2.5일이 걸리는 일을 200초에 완료했다는 점에서 분명 유의미한 결과물이라 볼 수 있을 것이다.[83] 또한 양자 우위를 달성했다는 소식은 미국에서뿐만 아니라 중국에서도 들려오고 있다. 중국 과학 기술대학교는 2020년 12월 과학 학술지 《사이언스Science》에 양자 우위를 달성했다고 발표했다. 중국 과기대가 개발한 양자컴퓨터는 가우시안 보선 샘플링Gaussian Boson Sampling, GBS이라는 문제를 해결하는 데 특화된 양자컴퓨터로 76개의 큐비트를 사용한다. 이 컴퓨터의 이름은 '주광즈[Jiuzhang]'로 슈퍼컴퓨터로 60만 년이나 걸리는 계산을 200초에 해결했다고 한다.

이처럼 미국 구글과 중국 과기원에서 만들었다는 양자컴퓨터는 범용성이 있는 양자컴퓨터가 아닌, 특정 문제 한해서 기존 슈퍼컴퓨터를 능가할 수 있음을 보여주는 사례라고 할 수 있다.

무어의 법칙 종언과 초격차의 종말

앞으로 해결해야 할 문제의 단위와 자연을 연구하는 데 있어서 양자컴퓨터가 필요한 것도 맞지만, 한편으론 양자컴퓨터 개발은 필연적인지도 모른다. 그 이유는 바로 고전 컴퓨터 성능 발전이 한계에 다다랐기 때문이다.

기본적으로 컴퓨터의 성능은 이진법 계산을 가능하게 해주는 트랜지스터 장치가 반도체 칩 속에 얼마나 많이 모여서 쌓여 있느냐에 달렸다. 트랜지스터는 일종의 스위치로, 전자 신호를 매우 빠른 속도로 스위치를 끄고 켜는 방식으로 전자를 제어한다. 즉, 스위치를 닫으면 전자 신호는 0으로 변환되고, 스위치를 켜면 전자 신호는 1로 변환된다. 트랜지스터 장치는 매우 빠른 속도로 전자 스위치를 켜고 끌 수 있으며, 반도체 칩 안에 트랜지스터 수가 많으면 많을수록 컴퓨터는 더 많은 연산을 수행할 수 있다. 그렇기에 동일한 규격의 반도체 칩 안에 얼마나 작게 트랜지스터와 회로—전자가 이동할 수 있는 경로—를 설계해서 반도체를 만들 수 있느냐가 반도체 성능을 좌우한다.

예를 들어, 현재 중앙 연산 처리 장치CPU라는 수 센티미터 정도의 반도체 칩 위에 약 천억 개 정도의 트랜지스터를 담을 수 있으며, 트랜지스터와 회로의 크기는 약 5~10나노미터의 수준이다. 반도체 안에 아주 미세한 크기로 트랜지스터 장치와 회로를 설계하는 공정을 나노공정이라 하는데, 1나노미터(nm)는 10억 분의 1미터에 해당하는 매우 작은 길이이며, 대략 머리카락 굵기의 10만 분의 1 정도 된다. 더 작은 크기로 반도체 칩을 만들수록 반도체 성능은 향상하는데, 문제는 반도체 칩 회로의 크기와 트랜지스터의 크기에 점점 원자 단위 수준으로 작아지는 데 있다.

세계에서 내로라하는 반도체 제조 회사인 삼성전자, 에스케이SK하이닉스, 그리고 티에스엠씨TSMC는 1나노 단위 공정을 지향하고 있다. 하지만 원자의 크기는 대략 0.1나노미터(nm)다. 이제 반도체 회로와 트랜지스터의 크기가 원자와 약 10분의 1 수준 밖에 차이가 안 나게 된다. 우리는 이미 잘 알고 있다. 거시 세계와 원자 단위 미시 세계의 운동은 다르다. 반도체 칩 속 장치들의 크기가 원자 단위에 가까워짐에 따라, 반도체 칩 위에서 약속된 방식으로 제어된 전자는 더는 제어가 안 되기 시작한다. 반도체 칩 회로 설계에 따라 전자는 회로를 통해 이동해야 하는데, 회로가 아닌 경로를 순간이동 하듯 넘나든다. 이를 일러 양자 터널링 효과 Quantum Tunneling Effect라 한다. 고전역학에서는 입자가 자신의 에너지보다 높은 장벽을 넘을 수 없다. 하지만 양자역학에서는 입자가 파동의 성질을 가지므로, 확률적으로 장벽을 '터널링'하여 반대편으로 이동할 수 있다는 뜻이다. 입자 상태로 통제되던 전자가 주변 환경이 원자 단위로 변하자, 중첩 상태 파동과 같이 움직인다. 그 결과 원자 단위까지 작아진 반도체는 더는 제 기능을 수행하지 못한다. 이러한 이유로 전문가들은 머지않아 고전 컴퓨터의 성능 발전이 한계에 다다를 것이라 이야기하며, 양자 중첩 방식으로 계산하는 양자컴퓨터가 필요한 때가 온다는 것이다.

반도체 칩이 작아질 만큼 작아져, 고전 컴퓨터가 더는 발전할 수 없는 현상을 일러 누군가는 '무어의 법칙'의 종언이라고 표현하기도 한다. 무어의 법칙은 인텔Intel의 공동 창업자 고든 무어 Gorden Moore가 그간 반도체 발전 속도를 관찰하여 1965년에 선언한 경험적 법칙이다. 앞으로 동일한 면적의 반도체 칩 내 트랜지스터 수가 약 18~24개월마다 두 배로 증가하여, 컴퓨터 성능은 지속 증가하고 비용은 감소할 것으로 예측한 내용이다.

무어가 '무어의 법칙'을 선언한 이후로 실제로 반도체 칩 내 트랜지스터 수는 약 2년 반마다 두 배로 증가했다. 동시에 1970년대 이후 컴퓨터, 인터넷, 핸드폰 등 전자 제품 및 서비스의 다양한 수요가 전 세계적으로 폭발하며, 전자 산업 내 다양한 혁신이 일어났다. 전자 제품 성능에 대한 다양한 고객의 수요가 있었고, 그 수요를 맞출 수 있는 반도체 성능의 발전이 받쳐줬다. 그 결과 1970년대 이후 정보 혁명이라는 3차 산업혁명이 일어났다. 하지만 이제 반도체 칩 내 트랜지스터와 회로가 작아질 수 있을 만큼 작아져 더는 작아질 수 없는 한계에 다다른 것이다. 오해하지 말자, 반도체 칩 내 트랜지스터와 회로를 더 작게 만들 수 없는 것은 기술의 한계에서 비롯된 일이 아니다.[84] 이는 반도체 칩이 원자 단위로 작아질 만큼 작아졌기에 우주 물리 세계의 법칙을 벗어날 수 없는 근본적인 문제다.[85] 즉, 무어의 법칙이 거시 물리적 한계에 다다랐기 때문에 양자 세계 원리로 컴퓨터를 만드는 일은 필연적일지도 모르겠다.

일반적인 반도체 성능 발전 관점에서 이야기한 무어의 법칙 종언은 현재 반도체 산업을 이끄는 선두 기업에는 초격자의 종말이라 볼 수도 있다.

동일한 규격의 반도체 칩 안에 얼마나 작게 트랜지스터 장치와 회로를 설계해서 반도체에 담을 수 있느냐가 반도체 제조 회사의 기술력이다. 반도체 칩을 생산하는 하나의 판(웨이퍼)에서 반도체 칩을 더 집약적으로 생산할 수 있다는 것은, 한 판 안에서 성능 좋은 칩을 더 많이 생산할 수 있다는 뜻이다. 이는 곧 반도체 제조 회사의 원가 경쟁력으로 이어진다. 보통 가격이 싸면 성능은 떨어져야 마련인데, 반도체 칩은 가격도 싸면서 성능까지 좋다는 것이다. 가격도 싸면서 성능 좋은 반도체를 선도적으로 제조해 오던 회사가 대표적으로 삼성전자다.

반도체 산업 뉴스를 들을 때 보통, 어떤 회사가 예를 들어 30나노급, 20나노급, 10나노급 반도체를 양산했다는 소식을 들어봤을 텐데, 얼마큼 작은 크기로 성능 좋은 반도체를 만들었는지 알리는 소식이다. 대개 그런 소식을 알리는 기업은 삼성전자였다. 삼성전자는 다른 경쟁자가 제공할 수 없는 더 싸고, 더 성능 좋은 메모리 반도체를 고객에게 제공했다. 다른 경쟁자들이 삼성전자를 따라 작은 크기의 반도체 칩을 만들 때 삼성전자는 더 작은 크기의 반도체를 제조하여 더 싸고 성능 좋은 메모리 반도체를 시장에 내왔다. 이른바 경쟁자가 따라올 수 없는 초격차를 만들어왔다. 하지만 이제 물리적으로 반도체 성능을 높이기 위해서 더는 작은 단위의 나노공정이 불가능해진다. 기술적으로 뒤처져 있던 후발 주자들이 얼마나 빨리 삼성전자와 같은 미세한 공정 기술을 갖출 것인지 추격만 남았다. 물론 이 이야기는 삼성전자만 해당하는 것은 아니다. 그 외 SK하이닉스, TSMC 등 전 세계 반도체 업체를 선도하는 회사 모두에게 해당하는 이야기다.

무어의 법칙 종언과 초격차의 종말 속에서 다음 세대를 준비하는 이들의 고민이 깊어지는지도 모르겠다. 과연 정말 양자컴퓨터의 도래는 정말 필연적일까? 그리고 정말 실현될 수 있는 기술인 것일까?

양자컴퓨터 개발의 시대성, AI 에너지 위기

양자컴퓨터는 개발의 필연성뿐만 아니라 시대의 문제, 시대성이 존재한다. 양자컴퓨터 개발의 시대성은 바로 AI 발달에 따라 더 악화할 수 있는 에너지 위기다. 양자컴퓨터는 막대한 에너지를 소비하는 고전 컴퓨터 기반 AI 기술을 보완 혹은 대체할 수 있다.

4차 산업혁명 시대는 인공지능 시대라 한다. AI 기술이 2010년대부터 화제가 되고 현실화할 수 있었던 이유는 바로 컴퓨터, 스마트폰 등이 전 세계적으로 보급됨에 따라 대량의 데이터가 쌓였고, 그 막대한 데이터를 계산할 방안이 마련됐기 때문이다. 그 방안은 바로 CPU로 할 수 없었던 병렬계산 처리를 그래픽 처리 장치Graphic Processing Unit, GPU를 통해서 가능해졌기 때문이다.

병렬계산은 컴퓨터 여러 대를 병렬 방식으로 연결해서, 계산을 분담하는 것이다. 예를 들어 100개의 문제를 푼다고 했을 때, CPU 계산 시스템은 컴퓨터 혼자서 1번부터 100번까지 문제를 하나하나 다 풀어야 하는 것이라면, GPU 계산 시스템은 열 대의 컴퓨터가 각각 열 개씩 문제를 동시에 계산할 수 있게 해준다. CPU나 GPU 둘 다 고전 컴퓨터 방식의 계산 기술이다 보니 모든 계산을 하나하나 일일이 할 수밖에 없지만, GPU는 작업을 분산해서 동시에 계산하니 대용량 계산을 빨리할 수 있다. 비유하자면, GPU 계산법은 일종의 인해전술과 같이, 계산할 수 있는 수많은 인력을 고용해서 동시다발적으로 작업을 하는 것이다.

하지만 문제는 계산 처리 속도를 높이기 위해 컴퓨터 여러 대를 병렬로 연결하면, 필연적으로 소비 전력이 증가하는 문제에 직면한다.[86] 병렬로 나눠 계산하면 계산의 속도를 빠르게 할 수 있지만, 계산 횟수는 줄이지 못하기 때문이다. 챗GPT^{ChatGPT} 등 AI 서비스는 AI 데이터센터에서 학습하고 추론하여 답을 내놓는다. 그리고 고성능 서버와 네트워크 장비를 사용하는 AI 데이터센터에서는 빅데이터를 병렬 방식으로 정보를 처리한다. 문제는 이런 AI 데이터센터가 엄청난 양의 데이터를 실시간으로 처리하고 저장하는 과정에서 막대한 전력이 소모된다.[87] 그뿐만 아니라, 데이터를 계산하는 과정에서 AI 데이터센터 각종 장비에 발열현상이 일어나는데, 기계 장비들 입장에서 높은 열은 치명적이다. 그래서 AI 데이터센터의 발열을 막기 위해 냉각 시스템을 도입해야 한다. 즉, 냉각할 때 또 적잖은 전력이 소모된다.[88] 이런 이유로 AI 발전에 따라 전력 부족 사태가 예견되고, 실제로 AI 데이터센터 증축에 따른 에너지 소비가 급증하고 있음을 보여주는 자료들이 제시되고 있다. 석유, 전기 등 에너지 소비에 따른 에너지 자원 고갈과 지구 온난화가 가속화되고 있는데, 인류의 복잡한 문제를 풀기 위해 개발된 AI가 아이러니하게도 인류의 문제를 풀기는커녕, 더 악화시킬 수 있단 것이다. 이런 AI 에너지 위기에 대응하기 위해, 친환경 재생 에너지 도입, 원자력 발전 이용 등 대안이 논의되지만, 그 실상을 따져보면 근본적인 해결책이라 볼 수 없다.

하지만 양자컴퓨터는 슈퍼컴퓨터보다 더 적은 전력으로 더 많은 양의 정보를 빠르게 계산할 수 있다. 그래서 위와 같은 맥락으로 고전 컴퓨터 기반의 AI 대신, 양자컴퓨터 기반의 AI가 대안으로 제시된다. 양자컴퓨터가 고전 컴퓨터보다 더 빠른 연산을 수행할 수 있는 이유는 앞서 설명한 것과 같이 양자 중첩 원리를 이용해서 데이터를 처리하기 때문에 정답을 찾기까지 계산하는 횟수가 급격히 줄어들 수 있다.

누군가는 비트 정보 0과 1을 중첩하여 큐비트로 정보를 처리하는 원리를 일종의 병렬적 계산 방식이라고도 한다. 여러 가지 경우를 동시에 계산한다는 관점에서 양자컴퓨터 계산 원리도 병렬이라는 개념을 접목할 수 있다. 하지만 엄밀한 의미에서 양자

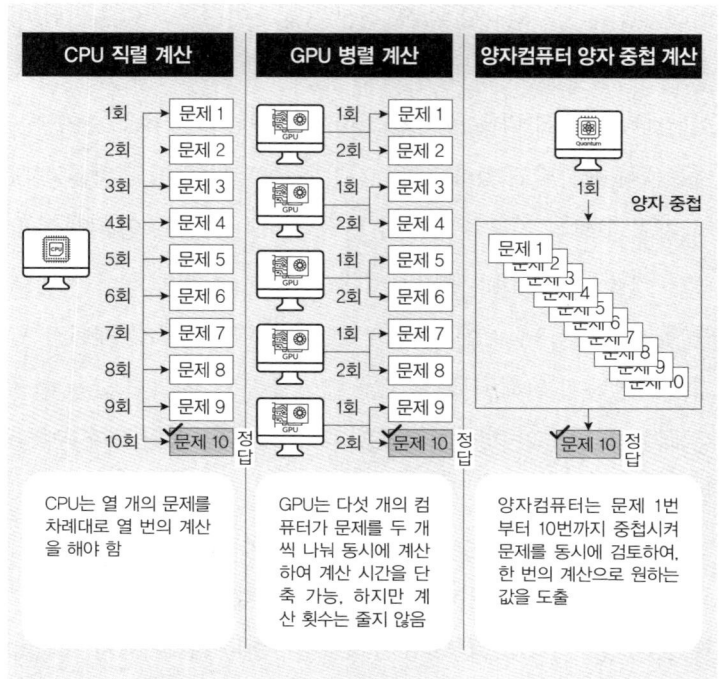

[그림 4-2] 'CPU 직렬계산-GPU 병렬계산-양자컴퓨터 중첩계산' 방식 간 개념적 비교

컴퓨터의 병렬계산 방식은 GPU 병렬계산법과 다르다.

굳이 병렬이라는 관점에서 고전 컴퓨터 GPU 방식 병렬 계산법과 양자컴퓨터 큐비트 중첩 계산법 간 차이를 설명하자면, GPU 병렬계산은 여러 가지 문제를 컴퓨터 여러 대가 나눠서 계산하므로 '계산하는 시간'을 줄이는 것이다. 하지만 GPU 방식은 병렬적으로 계산을 하지만, '계산 횟수'는 줄어들지 않는다. 컴퓨터 여러 대가 동시에 검토할 뿐, 검토해야 하는 모든 경우의 수를 하나하나 일일이 계산해야 한다. 반면 양자컴퓨터는 양자컴퓨터 한 개가 양자 중첩 원리를 통해서 수많은 경우의 수를 동시에 한 번 검토하면서, 그중 맞는 답을 '취사선택'하는 방식으로 찾아 '계산의 횟수'를 줄인다.[89] 이런 원리적 차이로 양자컴퓨터가 고전 컴퓨터 기반의 슈퍼컴퓨터보다 더 빠른 계산을 할 수 있다. 동시에 이러한 양자컴퓨터 계산 방식은 더 적은 에너지로 더 많은 정보를 더 빠르게 처리할 수 있는 원리이기도 하다.

양자컴퓨터 설치비용과 운영비용도 슈퍼컴퓨터만큼 적잖은 비용이 필요할 것으로 예상된다. 초전도체를 활용하는 법, 광전자를 활용하는 법, 이온을 활용하는 법 등 다양한 방식으로 큐비트를 만들어 양자컴퓨터를 제작할 수 있다. 하지만 큐비트를 생성하기 위해선 특수하고도 거대한 장치들이 필요하므로 어느 방법 하나 쉽지 않다. 예를 들어, 초전도체로 양자컴퓨터를 제작하기 위해선, 주변 환경을 영하 섭씨 200도에 가까운 환경을 만들어 주거나, 초고압 환경을 만들어줘야 한다. 여기서 끝이 아니다. 큐비트를 만들었으면, 큐비트의 양자 중첩 성질이 1회 계산을 하고 오류를 수정하기까지 깨지지 않게 유지해 줘야 한다. 즉, 그 주변 환경을 진공 상태로 유지해 주거나, 영하 섭씨 200도 상태로 지속 유지해 줘야 한다. 구체적으로 계산을 해보지 않더라도, 양자컴퓨터를 설치하는 시설 투자비와 기본 운영비 자체도 만만치 않을 거라 예상이 된다.

하지만 양자컴퓨터의 비용적 우위는 운영비 관점에서 나타날 것이다. 슈퍼컴퓨터는 처리하는 데이터 양이 증가하는 만큼 계산하는 횟수도 정비례하여 증가하지만, 양자컴퓨터는 1회에 수백만 가지 정보를 처리할 수 있기에 더 적은 횟수로 계산할 수 있기 때문이다. 이는, 운영 시간이 줄어도 더 많이 계산할 수 있다는 것이다. 즉, 양자컴퓨터가 고전 컴퓨터보다 에너지 효율이 좀 더 좋을 수 있다는 의미다. 물론 아직 양자컴퓨터가 상용화된 단계가 아니다 보니 양자컴퓨터가 1회 계산하는 시간이 얼마나 걸릴지 정확히 알 수 없다.[90] 캐나다 컴퓨터 개발회사 '디웨이브D-Wave'는 슈퍼컴퓨터보다 약 1,000배가량 전력을 적게 소비한다고 주장하지만, 기존 슈퍼컴퓨터보다 기술적 성숙도가 매우 낮은 양자컴퓨터다 보니 비용 효율성을 같은 조건에서 구체적으로 따지긴 아직 어렵다. 하지만 양자컴퓨터가 원리적으로 더 적은 에너지로 훨씬 빠르고 많은 계산을 할 수 있다는 점은 짐작할 수 있으리라.

양자컴퓨터의 기술 성숙도의 단계는 어느 지점일까? 관점에 따라 다를 순 있겠지만, 극히 보수적인 관점을 가진 누군가는 이제 산업이 발아 단계라 볼 수도 있고, 더 긍정적인 누군가는 도입기를 맞이했다고 볼 수도 있다. 보수적으로 보든 긍정적으로 보든 현재 양자컴퓨터 기술 발전 수준은 초기 단계 어느 지점에 있다. 그렇기에 아직 양자컴퓨터가 보편적인 조건에서 정확히 얼마나 빠르게 에너지를 절약하며 대용량 계산을 해낼 수 있을지는 알 수 없다. 하지만 반도체 기술 발전의 물리적 한계, AI 발전에 따른 에너지 위기 심화를 생각했을 때, 양자컴퓨터 개발은 필연이자 시대적 과제인지도 모른다. 또한 앞서 설명한 양자컴퓨터의 양자 우위가 다양한 분야에 파생되어 상상 이상의 파괴적 혁신을 일으킬 수 있다면, 신의 영역이라 불릴 만큼 어려운 일이지만 양자컴퓨터 개발 가치는 그 자체로 충분한지도 모르겠다. 이어서 양자컴퓨터가 '어떠한 모습'으로, 또 '어떤 세상의 변화'를 '언제' 가져올지 한번 알아보자.

반도체는 논리의 좌뇌 vs 양자컴퓨터는 직관의 우뇌

누군가는 양자컴퓨터는 고전 컴퓨터를 대체할 것이라고 한다. 또 누군가는 4차 산업혁명을 이끄는 인공지능 시대 다음에는 양자컴퓨터의 시대라 한다. 또 양자컴퓨터 관련 주식에 투자하는 한 개인은 양자컴퓨터가 지금의 랩톱(노트북) 수준으로 작아지고 상용화될 때까지 투자하겠다고 이야기한다. 하지만 양자컴퓨터는 정말로 고전 컴퓨터를 대체할 수 있을까? 인공지능으로 상징되는 4차 산업혁명 시대 그다음은 정말로 양자컴퓨터의 시대라 할 수 있을까? 그럼 5차 산업혁명의 시대는 양자컴퓨터 시대라 불러야 할까? 그리고 양자컴퓨터는 정말 지금의 노트북 수준으로 크기가 줄어 상용화될 수 있을까? 이제 양자컴퓨터가 미래에 어떤 모습으로 나타날지, 4차 산업혁명 관점에서 양자컴퓨터가 어떤 맥락적 의미를 지니는지 이야기하려 한다.

대중적이지 않을 양자컴퓨터

양자컴퓨터는 아마도 일반 대중을 위한 컴퓨터는 아닐 것이다. 양자컴퓨터가 거대한 힘을 발휘할 때는 바로 대용량 연산을 할 때다. 최소한 슈퍼컴퓨터가 처리하는 양의 데이터가 필요하다. 게임, 음악, 영상 시청 등 일상적인 작업에 필요한 데이터 양은 현재의 개인용 컴퓨터로도 충분히 빨리 처리할 수 있으며, 양자컴퓨터의 활약이 예상되는 소인수분해, 양자 시뮬레이션 등 특정 분야의 문제를 일반 개인이 다룰 일은 거의 없을 것이다.

 또한 양자컴퓨터는 현재 복잡한 장치와 대규모 시스템으로 구성되어 있으며, 소형화는 극히 어려우리라고 예상된다. 양자컴퓨터를 만들기 위해서는 특수한 환경을 조성해야 한다. 기본적으로 큐비트를 생성한 후, 큐비트의 중첩 상태를 유지하며 계산해야 하는데, 이는 기술적으로 복잡하고 거대한 장치가 필요하다. 예를 들어, 초전도체 방식의 양자컴퓨터는 전자가 저항 없이 움직이는 환경을 만들기 위해 극저온 또는 극고압 환경이 필요하다. 이온 트랩 방식에서는 이온 양자비트를 생성한 후, 양자 중첩 상태를 유지하기 위해 초고진공^{UHV} 환경이 필수적이다. 지금까지 설명은 양자비트를 생성하고 중첩 상태를 유지하는 것에 불과하며, 실제 계산은 시작되지 않았다. 양자 중첩 상태를 유지하면서 계산을 수행하고 오류를 수정하는 과정에는 더 복잡하고 정교한 장치가 필요할 것임을 상상할 수 있다.

물론 지금 대중들이 사용하는 일반 컴퓨터의 시작 역시도 에니악이라는 거대한 진공관 컴퓨터였다. 이후 전자를 0과 1 신호로 처리할 수 있는 반도체가 개발되고, 반도체 칩 안에 전자 신호를 처리하는 트랜지스터를 아주 미세하게 그려 넣을 수 있게 됨에 따라, 컴퓨터를 지금과 같이 작은 크기로 상용화할 수 있었다. 하지만 양자컴퓨터는 원자 단위 큐비트 조성과 그 상태를 유지할 수 있는 환경을 구성해야 하며, 이를 위해 많은 복잡한 장치들이 필요하다. 그렇기에 개인용 양자컴퓨터 상용화는 물리적으로 극히 어려운 일이다.

양자컴퓨터가 활약할 수 있는 데이터의 양 그리고 양자컴퓨터 환경 구축을 위해 필요한 환경을 생각했을 때, 양자컴퓨터는 개인이 아닌 기업과 국가 차원에서 활용될 것으로 예상된다. 그렇기에 '개인용 양자컴퓨터가 나올 때까지 양자컴퓨터 주식에 투자할 것'이라 말하는 것은 기술에 대해 충분히 공부하지 않고 투자하는 것을 자랑하는 일과 마찬가지다.

이어지는 질문은 다음과 같다. 양자컴퓨터가 과연 기존의 고전적 슈퍼컴퓨터를 완전히 대체할 수 있을까? 인공지능이 주도하는 4차 산업혁명 시대 이후, 정말로 양자컴퓨터의 시대가 도래할까? 그렇다면 5차 산업혁명 시대는 양자컴퓨터의 시대라고 불러야 할까?

해당 질문에 대해서 내가 내린 결론부터 이야기하면 양자컴퓨터는 고전적 슈퍼컴퓨터를 대체하는 대체재가 아니다. 오히려 양자컴퓨터는 AI 관점에서 슈퍼컴퓨터의 상호 보완재라고 볼 수 있다. 양자컴퓨터는 대량 연산을 할 때 슈퍼컴퓨터보다 훨씬 효율적으로 계산한다. 반대로 슈퍼컴퓨터는 비교적 작은 규모의 데이터 연산을 할 때 양자컴퓨터보다 더 효율적으로 계산할 수 있다. AI 기술의 완성 측면에서 양자컴퓨터는 고전적 슈퍼컴퓨터를 보완하는 존재라 할 수 있다. 그렇기에 양자컴퓨터는 4차 산업혁명이라는 하나의 세대 안에서 바라볼 필요가 있다. 굳이 세대를 구분한다면, GPU 병렬계산 기반으로 발전한 기계학습과 딥러닝을 AI 발전 1단계 기술, 양자 중첩 계산 기반의 양자컴퓨터를 AI 발전 2세대 기술이라 할 수 있겠다. 양자컴퓨터와 고전적 슈퍼컴퓨터 간 관계를 4차 산업혁명 관점에서 살펴보자.

산업혁명의 새로운 관점:
인간의 신체를 닮은 산업혁명

―――

한국 벤처 산업의 대부 고故 이민화 교수는 그의 저서《디지털 트랜스폼에서 스마트 트랜스폼으로》에서 4차 산업혁명의 본질과 구현 방법을 상세히 다룬다. 4차 산업혁명의 본질을 밝히는 과정에서 그는 그간 산업혁명 발전 단계에 대해 매우 흥미로운 관점을 제시한다. 그에 따르면 지난 산업혁명의 발전 단계는 인간의 인체를 닮아간다는 것이다.[91]

1차 산업혁명은 기계혁명으로, 증기기관이라는 동력 발명과 함께 기계화된 생산 방식이 도입되어 인간의 노동력을 기계가 부분적으로 대체한다.[92] 이때 증기기관 동력을 통해서 움직이는 기계들은 인간의 골격과 근육의 확장과 같다.[93]

2차 산업혁명은 전기혁명으로, 전기 에너지라는 새로운 동력과 동력원이 등장하여 자동화된 대량생산 체계가 확립됐다. 그 결과 기계가 더욱 많은 인간의 노동력을 대체한다.[94] 그뿐만 아니라 전력망이 일반 가정에까지 닿아 대중들 생활의 편의성이 혁신적으로 증가하고, 현대 전기산업의 기초가 형성됐다. 전기 모터를 통해서 생산된 전기 에너지를 공급하는 전력망은 인간 몸 전체에 산소와 영양분을 공급하는 혈관의 확장이다.[95]

3차 산업혁명은 정보혁명으로, 인터넷 네트워크가 전 세계 곳곳의 컴퓨터에 연결된다. 연결된 컴퓨터를 통해서 사용자들은 정보를 공유하고, 공유된 정보들은 다시 재생산되어 새로운 지식이 탄생한다. 그 결과 지식 서비스 산업이 탄생한다. 이때 전 세계 곳곳에 연결된 인터넷망은 마치 인간의 신경망처럼 확산한 것과 같다.[96] 즉, 3차 산업혁명은 신체와 외부 환경의 정보를 전달하고 처리하는 인간 신경망의 확장으로 볼 수 있다.[97]

마지막으로 4차 산업혁명은 인공지능 혁명으로, 기계가 스스로 방대한 데이터를 학습하고, 학습한 데이터를 바탕으로 스스로 예측과 맞춤화된 의사결정을 내린다. 4차 산업혁명의 본질은 지능화로, 4차 산업혁명은 인간 두뇌 기능의 확장이다.[98]

이민화의 설명처럼 인간은 문명 발전—산업혁명—과정에서 자기 자신을 세상에 드러내고 있는지도 모른다. 그리고 그간 발전한 산업혁명 기술이 종합되는 지점 그 끝에는 인간을 닮은 로봇이 존재한다. 거대화된 기계 장치는 인간의 골격과 근육과 같이 소형화되고 유연해지며, 전기 에너지는 소형화되었지만, 대량의 전기 에너지를 담고 재충전할 수 있는 이차전지에 담겨 동력원으로 사용되고, 전기 모터는 동력이 된다. 기계는 공간 곳곳에 연결된 무선의 통신망을 통해 서로 작용한다. 최종적으로 시각, 청각, 텍스트 등의 여러 정보를 수집하고 학습하고 추론을 통한 예측과 최적화된 의사결정을 스스로 내린다. 이 모든 기술의 집약이 하나의 로봇에 담긴다. 인간의 닮은, 이른바 휴머노이드

Humanoid다. 이런 관점에서 엔비디아NVIDIA 최고경영자CEO 젠슨 황은 2020년대 중반을 지나고 있는 이때 인공지능의 발전이 로봇 분야로 확장되고 그 종착점임을 시사하였는지도 모르겠다.

이 지점에서 잠시 흥미로운 상상을 덧붙여보자. 지금까지의 산업혁명은 인간의 골격, 혈관, 신경계, 두뇌 기능을 과학 기술로 구현하며 발전해 왔다. 그렇다면 그다음은 무엇일까? 어쩌면 인간의 마음일지도 모른다. 산업혁명이 인간의 신체를 모사하며 전개되었다면, 이제 남은 것은 마음, 인간의 내면세계다. 이런 흐름은 '기계가 인간처럼 사고할 수 있는가'에서 나아가, '감정을 가질 수 있는가'라는 질문으로 이어지는 맥락과 맞닿아 있다.

그리고 이전의 산업혁명이 인간의 물리적 외형을 모사하면서 물질적 번영을 이끌었다면, 다가올 산업혁명은 무형의 정신적 가치를 구현하는 데 중심이 있을지도 모른다. 동양 철학이 말하듯 모든 것은 극에 달하면 반대로 변한다. 물질문명이 정점에 이른 지금, 무형의 인간 마음을 밝히는 새로운 흐름이 나타나는 것은 자연스러운 일일 수 있다. 물론 이는 산업혁명 과정을 인간의 인체에 빗대어본 가설적 상상이다.

다시 본론으로 돌아와서, 휴머노이드 로봇과 함께 산업혁명의 기술이 집약되는 또 하나의 분야는 자동차 기반 모빌리티다. 완전 자율주행 자동차는 기계적 외형을 갖추고, 전기 에너지와 모터로 작동하며, 전자 센서를 통해 실시간으로 환경 정보를 수집

한다. 이를 바탕으로 인공지능이 분석하고 주행을 결정한다. 모빌리티 혁신을 주도하는 인물 중 한 명이 테슬라^{TESLA} CEO 일론 머스크다. 그는 완전히 새로운 기술을 창조하기보다 기존 기술을 연결·재편·확장하는 방식의 혁신에 능하다. 이러한 강점 덕분에 그는 여러 핵심 기술을 자동차에 집약할 수 있었을지도 모른다.

사실 산업혁명 발전이 인간 신체 발현과 유사하다는 이야기는 다음 이야기를 하기 위해서 한 것이다. 4차 산업혁명의 본질은 지능화고 인간 뇌 기능의 확장이다. 그리고 인공지능을 완성하기 위해선 고전 컴퓨터 기반의 계산 기술과 양자 중첩을 이용한 양자컴퓨터 계산 기술이 다 필요하다. 양자컴퓨터가 그다음 세대의 기술, 혹은 5차 산업혁명의 주인공이 아니고 4차 산업혁명 안에서 이해해야 한다면, 양자컴퓨터는 어떤 맥락에서 이해가 필요한가? 이번 절 핵심 내용을 이어서 알아보자.

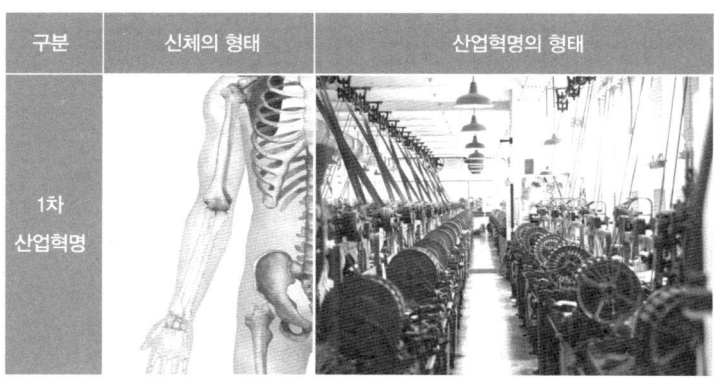

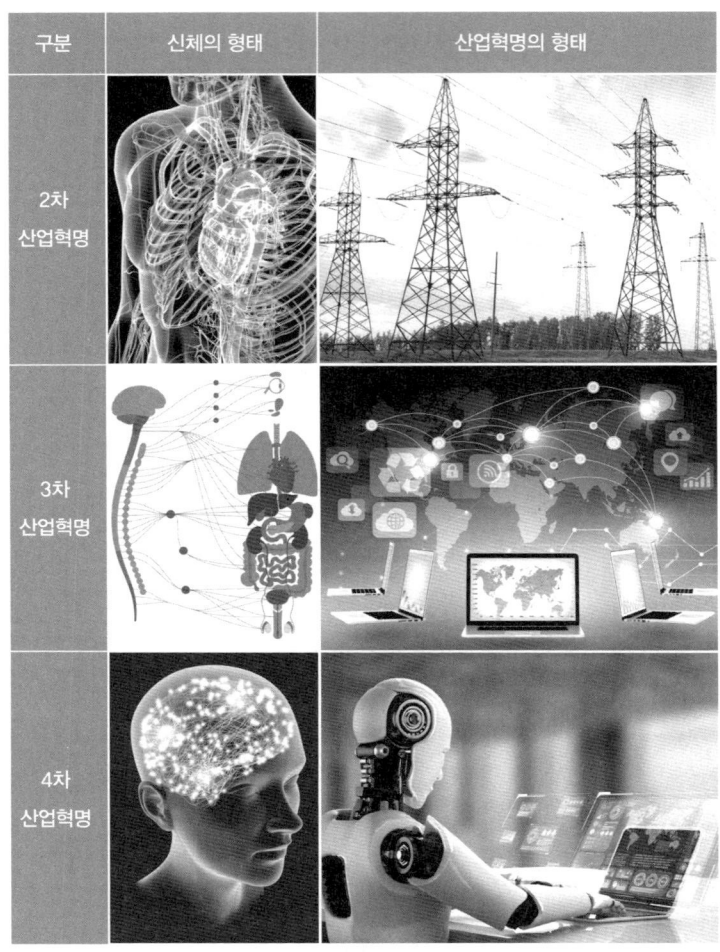

[그림 4-3] 인간의 신체를 닮아가는 산업혁명 발전

* 출처: 서울아산병원 의료정보; Clarkson University Department of mechanical engineering; British Heart Foundation; https://extsdd.tistory.com/220; Life science/shutterstock; Little Deep; 게티이미지뱅크 참조 편집

고전 컴퓨터는 논리의 좌뇌,
양자컴퓨터는 직관의 우뇌

4차 산업혁명의 핵심은 인공지능을 통한 지능화이며, 인간의 신체에서 지능을 담당하는 기관은 뇌다. 기계의 지능은 컴퓨터라는 계산 장치가 담당한다. 우리 인간의 뇌는 크게 두 부분으로 나뉜다. 바로 좌뇌와 우뇌다. 그리고 인간은 지금은 반도체 기반의 고전 컴퓨터 기술을 가지고 있지만, 앞으로 머지않아 양자 중첩 원리에 기반을 둔 양자컴퓨터 기술을 확보한다. 이처럼 기계의 지능도 인간의 뇌와 같이 크게 두 가지 축으로 구분해서 생각해 볼 수 있다. 인간의 뇌가 좌와 우로 구분되고 각기 역할이 있듯이, 기계의 지능화 역시 고전 컴퓨터와 양자컴퓨터 두 가지 기능 모두가 필요하다. 그렇다면 좌뇌와 우뇌 중 어떤 컴퓨터가 좌뇌의 역할이고 우뇌의 역할일까? 결론부터 말하자면, 정보를 단계적으로 논리 처리하는 특징을 보이는 좌뇌를 고전 컴퓨터에, 다양한 가능성을 동시에 탐색하고 직관적으로 통합하는 특징을 보이는 우뇌를 양자컴퓨터에 비유할 수 있다. 그렇다면 왜 고전 컴퓨터는 좌뇌의 특징에 가깝고, 양자컴퓨터는 우뇌의 특징에 가깝다고 볼 수 있을까?

우선 좌뇌와 우뇌의 상대적으로 차별화된 특성을 간단히 살펴보자. 좌뇌는 논리적, 순차적, 계층적인 방식으로 정보를 처리한다. 외부에서 유입된 정보, 경험, 기억 등을 논리 체계를 갖춰 분석하고, 단계를 나누어 계층적인 정보 처리를 한다. 그리고 좌뇌는 '언어, 수학, 논리적 사고'를 할 때 주로 사용된다. 반면, 우뇌는 직관적, 전체적, 병렬적인 특성을 가지며, 다양한 정보를 개별적으로 분석하기보다 전체적인 패턴을 파악하고 직관적으로 이해하는 역할을 한다. 그렇기에 우뇌는 논리적 분석 과정을 거치지 않고도 빠르게 직관적 판단을 내릴 수 있다. 나아가 우뇌의 특징은 인간이 공간 인지를 할 때, 창의적인 접근을 할 때 그리고 감성적인 사고를 할 때 주로 사용된다.

뇌의 기능을 크게 좌뇌와 우뇌 기준으로 구분했을 때, 고전 컴퓨터 계산 방식은 좌뇌 기능을 닮았다 볼 수 있다. 고전 컴퓨터는 정보를 이진법(0과 1)으로 명확히 구분하면서 AND, OR, NOT과 같은 논리 연산을 한다. 이어서 컴퓨터는 알고리즘—어떤 문제를 해결하기 위한 절차나 규칙—에 따라 순차적인 연산을 수행하면서 원하는 값을 도출한다. 기본적으로 고전 컴퓨터는 논리와 알고리즘 그리고 계층적 정보를 처리하는 방식으로 개발됐다. 이는 CPU/GPU 기반 고전 컴퓨터 모두 해당하는 원리다. 그렇기에 기본적으로 컴퓨터는 좌뇌 기능의 발현이라고 볼 수 있다.

물론 양자컴퓨터 역시, 컴퓨터이기 때문에 논리와 알고리즘이 존재한다. 양자컴퓨터는 특정 문제를 해결하는 논리적 절차(알고리즘)를 가지고 있다. 쇼어 알고리즘(Shor's Algorithm—큰 수를 빠르게 소인수 분해하는 목적으로 개발된 알고리즘), 그로버 알고리즘 (Grover's Algorithm-대량의 데이터베이스 검색을 목적으로 개발된 알고리즘) 등이 그것이다. 하지만 양자컴퓨터의 기본적인 계산 방식은 좌뇌보다 우뇌에 가깝다. 그 이유는 양자 중첩을 이용하는 양자컴퓨터 계산 방식은 일종의 직관적 계산 방식이라 할 수 있기 때문이다. 직관적이란 이해나 판단이 단계적 과정을 거치지 않고 순간적으로 이루어지는 특징을 말한다. 양자컴퓨터는 중첩을 활용해 확률적으로 전체 정보를 동시에 처리한다. 이 때문에 단번에 계산을 수행하는 양자컴퓨터의 방식은 직관적 계산이라 할 수 있다. 이는 확정적 논리로 모든 경우의 수를 하나하나 순차적으로 계산하는 고전 컴퓨터 방식과는 분명히 대조되는 특징이다. 그렇기에 양자컴퓨터는 우뇌의 발현이라 생각해 볼 수 있다.

양자컴퓨터와 고전 슈퍼컴퓨터가 함께 완성할 AI

인간의 지능을 '학습', '추론', 그리고 '판단' 세 가지 관점에서 살펴본다면, 인간은 여러 정보를 학습하고, 그 학습을 바탕으로 정보를 추상화하여 일반적인 원칙이나 규칙을 찾는다. 원리나 규칙을 통해서 새로운 정보를 추론하고, 추론을 통해서 구체적인 판단을 내린다. 이와 같은 인간의 지능을 기계에서도 구현하고자 하는 것이 바로 AI다. 인간이 논리와 알고리즘을 기계에 부여하여, 기계 스스로 학습하고, 정보의 패턴을 찾아내 추론하고, 스스로 판단할 수 있는 능력을 갖추게 한다.

설명의 편의와 목적상, 인간의 뇌 기능을 크게 좌뇌 특징과 우뇌 특징을 구분해서 설명했지만, 인간의 지능은 좌뇌와 우뇌가 서로 협력하여 종합적으로 작용한다. 인간이 생각하고 설명하고, 의사결정을 내리는 과정에서 논리와 직관, 분석과 통합 등 각 기능이 모두 필요한 것과 같이 좌뇌와 우뇌 기능은 모두 필요하다. 이처럼 인공지능도 좌뇌 기능에 특화된 고전 컴퓨터와 우뇌 기능에 특화된 양자컴퓨터 둘 다 필요하다 하겠다. 그리고 두 기술 다 어느 정도 성숙한 기술 발전을 이룰 때, 좌뇌의 기능과 우뇌의 기능이 모두 갖춰졌을 때, AI 인공지능 기술이 완성되리라 생각한다.

또한 발전된 인공지능 기술의 도래는 GPU 기반 슈퍼컴퓨터 기술 따로, 양자컴퓨터 기술 따로 발전하면서 이뤄지는 것이 아닌, 두 기능이 연계된 하이브리드 서비스가 제공되는 과정에서 끌어주고 밀어주는 방식으로 함께 발전을 이룰 것으로 예상된다. 이는 여러 양자컴퓨터 전문가들이 공통으로 이야기하는 방향성이다.

이온 트랩 방식으로 양자컴퓨터를 개발하는 아이온큐[IONQ]의

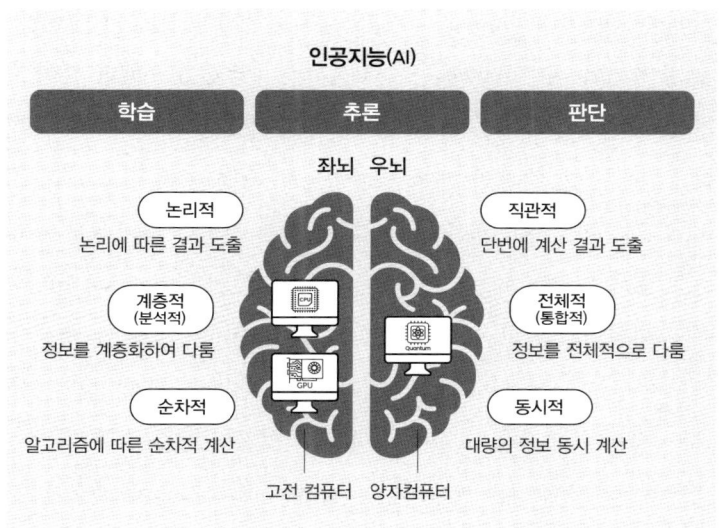

[그림 4-4] 고전 컴퓨터는 논리의 좌뇌, 양자컴퓨터는 직관의 우뇌, 인공지능의 완성

부사장 매트 키산Matt Keesan은 "GPU가 일반 CPU와 결합할 때 더 유용한 것처럼, 양자 처리 장치 또는 양자 처리 장치QPU는 오늘날 클래식 컴퓨터와 결합할 때 더 유용하다"라 평했다.[99] 물론 이론적으로 양자컴퓨터 역시 고전 컴퓨터가 할 수 있는 일반적인 계산을 할 수 있지만, 양자컴퓨터는 거대한 인공지능 시스템 속 하나의 기능으로 사용된다는 것이다.[100] 고전 컴퓨터와 양자컴퓨터가 하이브리드 방식으로 같이 활용되는 것에는 현실적이면서도 실용적인 몇 가지 이유가 존재한다.

신소재 및 신약 개발 등 실용적인 문제를 푸는 양자컴퓨터를 만드는 것은 극히 어려운 일이다. 양자컴퓨터를 '실용화 수준'으로 운영되기 위해선 적게는 1,000큐비트 많게는 수백만 큐비트가 필요하다. 심지어는 1억 개 이상의 큐비트를 이야기하기도 한다. 수천, 수만, 수백만 개의 양자비트를 생성한 이후 관측됨 없이 오류를 수정하고 계산하기 위해선 극히 정밀한 제어가 필요하다.[101] 초기 단계에서 만들 수 있는 양자비트의 수는 아직 100개에도 미치지 못하고 계산 오류도 많다.[102] 즉, 양자비트를 생성하기도 어렵고 나아가 정밀하게 제어하는 것은 더더욱 어려운 일인데, 상용화 단계까지 그 길이 아직 한참 멀었다는 것이다.

양자컴퓨터 장치를 세팅하고 운영하는 데 적잖은 비용이 든다. 또한 초기 단계 양자컴퓨터 성능 수준으로 양자컴퓨터 관련 기업이 규모 있는 매출을 만들기 어렵다. 상용화 단계의 양자컴퓨터 개발까지 적잖은 시간과 많은 투자 비용이 예상되는 가운데, 어느 정도 일정한 매출 발생 없이 양자컴퓨터 제조사 홀로 개발하고 관련 서비스를 제공하긴 어려울 것이다. 지속 가능한 양자컴퓨터 개발과 실용적인 양자컴퓨터 이용을 위해선 대안이 필요하다. 그 대안은 바로 CPU·GPU 기반 고전 컴퓨터와 함께 하이브리드 방식으로 활용하는 것이다. 즉, 양자컴퓨터가 잘하지 못하는 영역이나 부족한 능력을 고전 컴퓨터 기능을 통해서 보완하여 양자컴퓨터 성능을 증대하는 것이다.

좀 더 구체적으로 설명해 보자면, CPU, GPU, 그리고 QPU는 각각의 강점을 결합하여 인공지능을 더 효율적으로 발전시키는 하이브리드 방식으로 활용된다. 이 세 가지 컴퓨터의 협력 방식은 마치 사람들 사이에 역할을 나누는 팀워크와 비슷하다.[103]

첫째, CPU는 작업의 총괄자다. 데이터를 받아들이고 프로그램을 운영하며, 전반적인 모델 제어와 관리를 맡는다. 특히 데이터 로딩, 사전처리, API 처리 등 정보의 흐름을 원활하게 유지하는 기본적인 역할을 수행한다. CPU는 순차적 계산에는 탁월하지만, 방대한 양을 빠르게 처리하는 데는 한계가 있다. 둘째, GPU는 병렬 연산의 전문가로, 많은 데이터를 동시에 빠르게 처리하는 일을 맡는다. 특히 인공지능이 학습하는 과정에서 쓰이는 머신러닝과 딥러닝(CNN, RNN 등)의 작업, 3D 그래픽 렌더링 등 큰 연산을 빠르게 수행한다. 하지만 순서가 중요한 작업이나 복잡하고 순차적인 연산에는 다소 약점이 있다. 셋째, QPU는 매우 복잡한 문제를 풀어내는 특수 전문가다. 고전 컴퓨터가 어려워하는 최적화 문제나, 복잡한 패턴 분석 같은 난도 높은 작업을 효과적으로 수행할 수 있다. 다만, 아직 보편적으로 모든 작업에 적용하기에는 범용성이 부족하고 높은 오류율을 갖고 있다.

이 세 가지 장치는 다음과 같은 방식으로 협력한다.[104] 먼저, CPU가 데이터를 정리하고 필요한 형태로 준비해 준다. 이후 GPU가 이 데이터를 가지고 빠르게 많은 연산을 진행하며 인공지능 모델을 학습시킨다. 그런데 이때 데이터 중에서 복잡하고 어려운 특정 부분이 있다면, CPU는 이를 양자컴퓨터로 보내어 해결하도록 한다. 양자컴퓨터는 이 어려운 부분의 해답을 빠르게 추출하여 다시 CPU와 GPU가 사용할 수 있는 형태로 정보를 돌려보낸다. 마지막으로, CPU와 GPU가 양자컴퓨터가 제공한 해결책을 가지고 기존의 모델을 다시 한 번 개선하며, 최종적으로 더욱 정확하고 효율적인 인공지능 모델을 완성한다. 이렇게 하이브리드 방식으로 컴퓨터들이 협력하면 각자의 강점이 조화를 이루어, 더 빠르고 정확한 인공지능 성능을 구현할 수 있다.

CPU가 잘할 수 있는 계산, GPU가 잘할 수 있는 계산 영역이 있다. 그리고 양자 중첩 방식으로 더 적합한 계산 방식 또한 존재한다. 즉, 각각의 계산 장치가 비교우위를 가지기 때문에, 각 장치가 하나의 시스템 안에서 동시에 쓰이면서, 각자 잘하는 역할을 맡아 분업하는 것이다.[105] 분업을 통해서 나눠 계산한 결과를 다시 합쳐서 원하는 결괏값을 산출하는 하이브리드 방식의 계산 시스템이다.[106] 하이브리드 방식으로 운영되는 과정에서 양자컴퓨터와 고전 컴퓨터 기반 AI 모두 함께 발전할 것이다. 그리고 그 끝엔 온전한 AI 기술 완성이 있을 것이다. 이와 같은 방향으로 양자컴퓨터 기술이 온전한 성숙을 이룬 그 이후에도 기능별 비교우위와 비용편익 관점에서 두 기술은 AI 시스템 안에서 함께 운영될 것으로 예상한다. 이런 맥락에서 CPU 개발업체, GPU 개발업체, 관련 반도체 제조업체, 그리고 양자컴퓨터 개발업체가 함께 연합을 이미 시도하고 있고, 이런 움직임은 앞으로 더욱 본격화할 것으로 예상한다.

  4차 산업혁명 관점에서 양자컴퓨터의 필요성과 의미를 쉽게 전달하기 위해서 인간의 신체 중 뇌 기능에 빗댄 비유적인 설명을 시도했다. 그리고 양자컴퓨터가 어떤 형태 활용될지도 함께 알아봤다. 이어서 양자컴퓨터가 앞으로 어떤 영역에서 어떤 변화를 몰고 올 수 있는지 한 번 알아보자.

양자컴퓨터가 가지고 올 변화는 무엇인가?

 양자컴퓨터 기술 발전은 기계학습, 딥러닝 등 온전한 인공지능 기술 발전을 이끌 것이다. 앞서 인간의 뇌 기능에 비유한 것과 같이 좌뇌의 기능으로만 작동했던 인공지능이, 우뇌 기능이 갖춰짐에 따라 계산 능력과 데이터 학습 능력이 증폭되고, 그간 좌뇌로 계산하기 어려운 문제까지 해결할 수 있는 능력을 갖추게 된다. 양자컴퓨터 기술이 더해져 더 온전한 성능을 발휘할 수 있게 된 인공지능은 보편적 기반 기술 Common Enabler 로서 여러 분야에서 활용되어 큰 변화를 불러올 것으로 예상한다.

 양자컴퓨터 기반 인공지능은 기본적으로 천문학적인 대량의 연산이 필요하거나 양자역학 원리가 작동되는 자연의 모습을 양자역학 원리로 모사Simulation가 필요한 영역에서 양자 우위를 발휘하리라고 예상한다. 그리고 대표적으로 양자 최적화, 양자 시뮬레이션, 양자 암호 및 양자 보안의 세 가지 영역에서 다양한 과학, 기술, 산업적 혁신이 파생될 것이다. 양자 최적화 적용 분야는 '물류 공급망', '금융 포트폴리오 최적화', '자율주행 경로 최적화' 등을 예로 들 수 있으며, 양자 시뮬레이션의 경우 '신약 및 신소재 개발', '기초과학(물리, 기후변화 등)' 연구 영역에서 필요하다. 양자 암호·보안의 경우 '양자 내성 암호', '양자 키 분배' 등 기술이 나올 것으로 예상한다.

산업과 삶의 복잡성을 꿰뚫는 양자 최적화: 자동차 자율주행 최적화

우선 양자 인공지능이 최적화Optimization 분야에 이용되면, 산업과 일상생활 전반에서 효율성이 비약적으로 향상될 것으로 기대된다. 우리는 산업 현장에서도, 일상의 사소한 결정 속에서도 늘 가장 효율적인 선택지를 찾고자 한다. 예를 들어, 택배 회사는 가장 빠르고 효율적인 배송 경로를 찾아 적은 시간에 더 많은 물량을 처리하려고 노력한다. 제조업 공장에서는 공정 순서를 어떻게 설계하느냐에 따라 비용과 품질이 좌우된다. 최소한의 비용으로 최대의 효용을 확보할 방법을 찾는 것이 곧 '최적화'의 본질이다. 현대 사회는 점점 더 복잡해진다. 기술과 경제가 발전하면서, 우리가 고려해야 할 선택지의 수는 기하급수적으로 늘어나고, 고전적인 방법으로는 모든 가능성을 비교해 최적의 해를 찾는 일은 더더욱 어려워지고 있다. 이 지점에서 양자컴퓨터가 등장해 주목을 받았다. 양자 중첩과 얽힘과 같은 양자역학의 고유한 성질을 활용하면, 복잡한 선택지들을 동시에 탐색하면서 최적의 해를 훨씬 빠르게 찾아낼 수 있다. 인간 사회의 복잡도가 올라갈수록 양자 인공지능이 필요한 이유다.

구체적으로 예를 들어, 자동차 자율주행 경로 최적화 문제를 들여다보자. 자동차 자율주행을 위해서는 세 가지 문제의 해결이 필요하다. 이 세 가지 문제는 바로 '동시성Concurrency', '관계성Interdependency', '실시간성Real-time'이다. 자동차가 자율주행을 하기 위해선 목적지까지 경로의 수, 보행자, 신호 등 동시에 고려해야 하는 변수들이 많다. 그뿐만 아니라 이런 변수들은 서로 관계가 얽혀 있는데, 예를 들어 1번 경로에서 2번 경로로 변경한다고 했을 때 도착 예상 시간, 필요한 연료의 양 등이 동시에 변한다. 또한 도로 환경은 실시간으로 변화하기 때문에 즉각적인 의사결정이 필요한 기술이 바로 자동차 자율주행이다.

하지만 고전 컴퓨터 기반으로 자동차 자율주행 기술 기반은 매우 비효율적이다. 그 이유는 고전 컴퓨터가 자율주행 중 고려해야 하는 여러 가지 경우의 수, 그리고 변수 간 상호 관계성을 계산하기 위해선 일일이 계산해야 한다. 구체적으로 고려해야 하는 경우의 수를 하나씩 계산할 수밖에 없어 속도가 느릴 것이다. 또한 고려해야 하는 변수 간 관계를 별도로 하나하나 모델링하여 계산하는 데 시간이 더욱 지연된다. 그에 따라 고전 컴퓨터 기반 자율주행 기술은 계산에 따른 병목이 발생하고 즉각적인 판단에 적합하지 않다.

반면 양자컴퓨터 기반 자율주행 기술은 중첩 상태와 얽힘 상태를 가질 수 있는 큐비트를 이용해서 변수 간 상호 관계를 고려한 여러 경우의 수를 동시에 검토할 수 있다. 양자 중첩 상태를 통해 여러 경로를 동시에 계산할 수 있다. 나아가 경로의 수, 신호의 수 등 각 변수 간 관계를 큐비트 얽힘을 통해 한 번에 처리할 수 있다. 최종적으로 계산 과정 중 옳지 않은 답은 제거하고, 맞는 답은 더욱 강조하는 방식, 즉 양자 간섭 기반 알고리즘으로 양자컴퓨터는 빠르게 적절한 경로를 선택할 힘을 가지고 있다.

지금까지의 설명을 조금 더 직관적으로 이해하기 위해, 우리가 일상에서 운전할 때를 떠올려보자. 차선을 바꾸거나 이동 중 경로를 바꿀 때, 우리는 고전 컴퓨터와 같이 요소를 하나하나 단계적으로 따져보지 않는다. 가령, 차선을 바꿀 때 우리는 옆 차선의 차량 속도, 후방 차량의 접근, 신호등 변화까지 한꺼번에 고려한다. 또 이동 중 경로를 바꿀 때도 마찬가지다. 남은 연료, 예상 소요 시간, 중간에 들러야 할 장소, 시간대별 교통 체증까지 머릿속에서 순간적으로 종합해 판단한다. 이런 모습은 여러 경우의 수를 동시에 검토해 빠르게 결정을 내리는 양자컴퓨터 계산 방식과 닮아 있다.

이런 양자 인공지능의 가능성을 알아본 한국 현대자동차그룹은 2021년부터 미국 양자컴퓨터 기업 아이온큐에 투자를 해서 관련 기술 발전을 위한 전략적 협업 관계를 맺고 있다. 두 기업은 양자 컴퓨팅 기반 자율주행 소프트웨어 원형 기술 완성과 전기자동차 핵심인 이차전지 소재 개발 가속화를 위한 협업을 확대해 가고 있다. 그리고 자율주행 관련 기술인 도로 표지판 인식, 3차원 물체 감지 영역 등에서 상당 부분 의미 있는 성취를 이루고 있다고 한다.

과학·기술 혁신을 초-가속화할 양자 시뮬레이션
식물 광합성 원리와 태양광 에너지 발전

———

양자 시뮬레이션은 단지 천문학적인 계산 문제를 빠르게 처리하는 것에 그치지 않는다. 진정한 혁신은, 양자컴퓨터가 자연의 가장 근본적인 법칙인 양자역학 원리를 계산 방식 자체로 채택한다는 데 있다. 예를 들어, 새로운 신소재나 신약을 개발하기 위해서는 전자와 원자, 분자 수준에서 벌어지는 정교한 양자 현상을 정확히 이해해야 한다. 하지만 고전 컴퓨터는 전자의 양자 상태를 억제하여, 고전적 정보 표현 방식 비트(0과 1)라는 단일한 정보 단위로 계산을 하나하나 수행한다.[107] 이 방식은 본래 양자적인 자연의 변화를 모사하는 데 한계가 있으며, 그로 인해 계산 속도는 느리고 자원 소모는 커진다. 반면, 양자컴퓨터는 중첩과 얽힘 같은 양자 고유의 성질을 그대로 활용해, 자연의 동작 방식을 훨씬 더 정밀하고 효율적으로 시뮬레이션할 수 있다. 다시 말해, 자연을 연구하기 위해 자연의 언어를 사용하는 것이다. 그렇기에 자연을 자연답게 이해하기 위해서 양자 기술 기반의 시뮬레이션과 인공지능이 필요하다.

가령, 양자컴퓨터를 통해 식물의 광합성 원리를 모사할 수 있다고 가정해 보자. 식물은 광합성을 통해 태양 에너지를 화학 에너지로 전환하고, 그 에너지를 바탕으로 생존에 필요한 유기물을 합성한다. 이 과정에서 주목할 점은, 식물이 태양 빛을 받아 화학 에너지를 만들어내는 에너지 효율이 매우 높다는 사실이다.[108]• 엽록소 분자는 광자―태양 빛―를 흡수하면 내부 전자가 더 높은 에너지 상태로 들뜨게 된다. 이는 광전효과와는 다른 현상이지만, 광자가 전자에 에너지를 전달한다는 점에서는 우리가 앞서

• 식물이 빛 에너지를 전기 에너지로 바꾸는 효율은 최대 95%를 상회한다고 한다. 이영민, 〈광합성 고효율 비결은 양자 결맞음〉, 《동아사이언스》 2009년 4호.

살펴본 광전효과 물리 원리를 연상시킨다. 들뜬 전자는 화학 에너지로 전환되는 분자 구조로 이동하게 되며, 이 경로를 '전자 전달계'라 부른다. 전자 전달계는 일종의 분자 회로이며, 전자는 이 회로를 따라 단계적으로 이동하면서 에너지를 전달한다. 이 과정은 매우 효율적으로 작동하며, 전자 이동 중의 손실이 최소화된다. 고전적인 전자 회로에서는 전자가 회로를 이동하는 동안 원자와의 상호작용이나 재결합으로 인해 에너지 손실(열 발생)이 발생하지만, 식물의 전자 전달계는 경로가 정교하게 설계되어 있어 대부분의 전자가 화학 에너지로 변환된다. 이는 인간이 만든 고전적 회로보다 훨씬 높은 효율을 보여준다.

이러한 식물 광합성의 전자 전달계를 정확히 이해하는 일은, 지구에 풍부하게 도달하는 태양 에너지를 더욱 효율적으로 활용하는 데 실마리를 제공할 수 있다. 태양은 하루에 지구에 도달하는 에너지만으로도 인류가 1년간 사용하는 에너지를 충당하고도 남는다.[109] 문제는, 이 막대한 에너지를 얼마나 효율적으로 전기 에너지로 전환할 수 있는가다. 현재 상용화된 태양광 패널은 패널에 도달한 태양 에너지의 약 15~22%만을 전기 에너지로 변환할 수 있다.[110] 이런 비효율성의 주요 원인 중 하나는, 빛에 의해 생성된 전자가 회로로 이동하는 과정에서 손실이 발생하기 때문이다. 들뜬 전자가 안정 상태로 다시 돌아가는 재결합, 회로 내 원자들과의 충돌 및 저항에 의한 열 손실 등 여러 요인이 전기 에너지 생산 효율을 떨어뜨린다.

이러한 식물 광합성 전자 전달계 원리는 오랜 기간 고전 역학적 관점에서 설명되었다. 광자를 흡수한 전자가 엽록소 분자들 사이를 단계적으로 '점프하듯' 이동해 반응 중심에 도달한다고 본 것이다.[1] 마치 계단을 하나씩 밟듯, 전자는 단일 경로를 따라 순차적으로 이동하며, 에너지 손실을 최소화하려 조심스럽게 옮겨진다고 여겨졌다.

하지만 최근 현대 양자생물학의 실험적 발견은, 이 과정이 본질적으로 양자역학적인 성격을 가진다고 본다.[2] 들뜬 전자는 하나의 경로만이 아니라, 여러 경로에 중첩된 상태로 존재하며, 양자 결맞음 상태로 파동처럼 퍼져 나간다. 엽록소 분자 간에는 얽힘을 통해 정보가 실시간으로 공유되고, 파동 간섭 효과를 통해 가장 효율적인 경로가 선택된다. 결과적으로 전자는 에너지 손실 없이 거의 즉시 반응 중심에 도달한다. 이러한 양자적 이동 방식은 식물의 놀라운 광합성 효율을 설명하는 핵심 원리로, 최근 양자생물학자들이 특히 주목하고 있는 설명 방식 중 하나다.

이처럼 자연이 양자역학적 원리로 작동하는 영역을 모사하려면, 같은 양자역학의 원리로 작동하는 양자컴퓨터가 가장 자연스럽고 적합한 도구다. 예를 들어, 전자가 여러 경로를 동시에 고려하며 가장 효율적인 길을 찾아가는 방식은 고전 컴퓨터로는 흉내내기 어렵다. 왜냐하면 고전 컴퓨터는 가능한 경로들을 하나씩 나열해, 일일이 계산해야 하기 때문이다. 경로가 열 개일 때보다 백 개, 천 개로 늘어날수록, 필요한 계산량은 기하급수적으로 불어나고, 그만큼 시간과 자원도 많이 든다. 하지만 양자컴퓨터는 다르다. 양자컴퓨터는 큐비트를 통해 여러 상태를 동시에 계산할 수 있는 능력이 있다. 이는 마치 전자가 동시에 여러 경로에 퍼져 있다가, 간섭을 통해 가장 빠른 길을 선택하는 것과 비슷하다. 자연이 양자적으로 움직인다면, 그 자연을 계산하는 가장 자연스러운 방식 역시 양자적일 수밖에 없다. 만약 양자 인공지능 기반 시뮬레이션으로 식물의 전자 전달계를 정밀하게 재현할 수 있다면, 그 원리를 응용한 고효율 광전소자 개발로 이어질 수 있으며, 이는 태양광 발전의 혁신적 전환점을 마련할 수 있다.

실제로 한국 울산과학 기술원UNIST 화학과 권태혁·권오훈 교수 연구팀은 식물의 전자 전달 방식을 모방한 태양전지용 분자 설계 전략을 제안한 바 있다.[113] 양자 인공지능과 양자 시뮬레이션 기술의 발전은 이러한 연구를 가속화하고, 자연의 고효율 시스템을 인공 에너지 기술에 접목하는 데 중요한 역할을 할 수 있을 것이다.

최강의 창이자 방패 양자컴퓨터:
양자 암호 체계의 필요성

―

마지막으로 양자컴퓨터가 실용화된다면 암호 기술 분야에도 중대한 변화가 불가피해진다. 그 이유는 양자컴퓨터가 기존의 암호 체계, 특히 현재 가장 널리 사용되는 RSA 방식의 안전성을 직접적으로 위협할 수 있기 때문이다. RSA 암호 방식은 로널드 리베스트Ronald Rivest, 아디 샤미르Adi Shamir, 레오나르드 애들먼Leonard Adleman이 1977년에 고안한 공개키 암호 방식으로, 이들의 성姓 앞 글자를 따서 RSA라 부른다. 쉽게 이야기하자면, 양자컴퓨터 계산 기술이 RSA 암호 체계를 단숨에 해독할 수 있기에, 양자컴퓨터 해킹 기술에 대응할 수 있는 양자 암호 기술로 방어하자는 것이다.

우리가 쓰는 인터넷 보안 방식, 특히 RSA 암호화 방식은 비밀 편지를 보내는 방식과 유사하다. 이를 이해하는 방법은 세 단계로 나눌 수 있다. 첫째, 사용자가 로그인할 때 비밀번호를 입력한다. 비밀번호를 보내기 전에 사용자는 웹사이트에서 제공한 자물쇠(공개키)로 비밀번호를 잠근다. 이 자물쇠는 누구든 가져갈 수 있지만, 한 번 잠긴 정보는 아무도 열 수 없다. 둘째, 자물쇠로 잠긴 비밀번호는 복잡한 수학 암호(RSA-2048)로 안전하게 포장된 채 서버로 전달된다. 이 포장을 풀려면 현존하는 기술로 수십억

년 이상 걸릴 만큼 단단해서 중간에 누군가 훔쳐보더라도 열 수 없다. 셋째, 웹사이트 서버만 가진 특별한 열쇠(개인 키)가 있다. 서버는 이 열쇠로 자물쇠를 열고 비밀번호를 확인할 수 있다. 이 열쇠는 웹사이트 서버만 가지고 있어 다른 누구도 내용을 확인할 수 없다. 서버가 이렇게 비밀번호를 확인하면 사용자 로그인이 승인된다.

우리가 인터넷에서 주고받는 정보는 위와 같은 보안 장치 안에서 보호받고 있는데, 이때 핵심 암호 보안 기술이 바로 RSA 암호 체계다. RSA 암호는 두 개의 큰 소수를 곱해 만든 수를 기반으로 동작하는데, 이 곱셈의 반대 과정인 '소인수분해'가 고전 컴퓨터엔 매우 어려운 문제라는 점에 의존한다. 실제로 소수의 크기가 커질수록 고전 컴퓨터가 시험해야 할 가능성의 수는 기하급수적으로 늘어나, 현재 수준의 슈퍼컴퓨터를 동원해도 수백 년 이상의 시간이 걸릴 수 있다. 이는 곧 RSA 암호가 오늘날까지 실질적인 보안을 유지해 온 이유이기도 하다.

간단히 RSA 암호화 원리를 알아보자. 우선 소인수분해란 무엇인가? 소인수분해란 어떤 자연수를 소수들만의 곱으로 나타내는 것을 말한다. 그렇다면 소수란 또 무언인가? 소수란 1과 자기 자신만의 곱으로 구성된 수를 뜻한다. 예를 들어 '$2=1 \times 2$', '$3=1 \times 3$', '$11=1 \times 11$'과 같이 1과 자기 자신만의 곱으로 구성된 수를 소수라 한다. 즉, 1과 자기 자신의 곱으로만 구성된 수인 소수들의 곱으로 구성된 숫자 '15'를 '3×5'로 분해하는 것을 소인수분해라 한다. 무작위로 선택된 두 큰 소수의 곱으로 구성된 숫자를 소인수분해가 어렵다는 원리를 바탕으로 RSA 암호 체계가 만들어졌다.

또 다른 예를 들어, 두 소수 103과 109를 곱해서 11227 숫자를 만드는 일은 쉽다. 하지만 그 반대로 11227 숫자가 먼저 주어지고, 11227의 곱을 구성하는 두 소수를 역으로 찾는 일은 훨씬 어렵다는 것이다.

더 나아가 RSA 암호를 해킹하는 일이 얼마나 어려운 일일지 살펴본다면, 'RSA-130'이란 숫자를 보자.

RSA-130 =
18070820886874048059516561644059055662781025167694013491701270214500566625402440483873411275908123033717 818879665631820132148805 57

RSA-130는 두 개의 65자리 소수의 곱으로 구성된 130자리의 숫자다. 위 숫자의 소인수분해는 직관적으로 매우 어려울 것이란 생각이 들 것이다. 그리고 RSA-130을 구성하는 65자리 소수는 바로 아래와 같다.

소수A = 39685999459597454290161126162883786067576449112810064832555157243

소수B = 45534498646735972188403686897274408864356301263205069600999044599

 RSA-130 소인수분해는 1996년 최초로 성공되었으며, 당시 슈퍼컴퓨터 수십 대가 몇 개월간 돌려야 풀 수 있는 문제였다. 물론 오늘날의 슈퍼컴퓨터 성능으로는 당시보다 비교할 수 없이 빠르게 소인수분해할 수 있을 것으로 추정되지만, 당시 기준으로는 대단한 성취였다. RSA-130은 RSA 암호 체계의 안정성을 보여주는 상징과 같은 숫자였다. 2020년대 기준 큰 수 소수의 곱으로 구성된 약 617자리 정도 되는 아주 큰 수가 RSA 암호 체계에 활용된다고 한다. 이런 방식으로 소인수분해가 어려운 큰 수 소수의 곱의 크기를 키워 암호 보안성을 높인다.

 RSA-130과 같은 숫자 자체를 보면 소인수분해가 매우 어려워 보인다. 하지만 한편으론 인간인 우리가 볼 때 어려워 보이지만 '지금 컴퓨터로 충분히 빨리할 수 있지 않을까?' 생각이 든다. 그렇다면 고전 컴퓨터로 RSA 암호 체계를 푸는 일은 왜 어려울까?

 결론부터 단순하게 이야기하자면, 고전 컴퓨터가 하나하나 계산해야 하는 수가 천문학적으로 많다는 것이다. RSA-130만 보아도, 소인수분해 계산의 경우의 수는 비약적으로 많다고 한다. 가능한 조합의 수가 워낙 많아, 고전적인 방식으로는 사실상 접근이 불가능하다는 것이다. 하물며 617자리 정도 되는 RSA-2048은 어떻겠는가? RSA 암호를 푸는 일은 고전 컴퓨터 기반 인공지능으로 사실상 불가능하다.

반면, 여러 전문가는 "양자컴퓨터가 상용화되면 기존의 암호 체계는 무력화되고, 더 나아가 기존 암호에 기반을 둔 암호화폐 역시 더는 사용되지 못하고 그 가치를 잃을 것이다"라고 예상한다. 그렇다면 양자컴퓨터는 어떻게 RSA 암호 체계를 무용화할 수 있는 것인가?

양자컴퓨터는 양자중첩을 활용해 여러 계산을 동시에 고려할 수 있어, '이론적'으로 RSA 암호를 빠르게 풀 수 있을 것으로 평가된다. 1994년, 수학자 피터 쇼어Peter Shor는 양자컴퓨터가 기존의 암호 체계를 무력화할 수 있음을 '이론적'으로 제시했다. 그는 양자컴퓨터를 이용해 소인수분해를 할 수 있는 알고리즘을 고안했고, 이를 '쇼어 알고리즘'이라 부른다. 이 알고리즘은 복잡한 소인수분해 문제를 양자컴퓨터가 풀 수 있는 형태로 바꾸어, 훨씬 빠르게 계산할 수 있도록 설계되어 있다. 물론 현재까지 양자컴퓨터로 소인수분해에 성공한 수는 '15=3×5'와 같이 매우 작고 단순한 숫자에 불과하다. 현재 소인수분해 할 수 있는 수준과 앞으로 풀어야 할 수준 간 차이는 극히 크지만, 관련 기술이 발전함에 따라, 양자컴퓨터의 성능이 일정 수준을 넘어서게 되면 RSA 암호 체계 역시 해독이 가능해질 것으로 예상한다. 이러한 이유로 양자컴퓨터 시대에 적합한 새로운 양자 암호 체계의 필요성이 제기되고 있다.

양자 계산 기술을 품은 인공지능이 가지고 올 혁신의 확장성과 연쇄성

자, 이제까지 살펴본 양자 인공지능이 산업과 사회에 가져올 변화를 종합해 보자. 양자컴퓨터의 개발은 결코 쉬운 일이 아니다. 상용화까지는 상당한 시간과 비용이 요구될 것이며, 어느 정도 성숙한 수준의 양자컴퓨터를 운용하는 데에도 만만치 않은 자원이 소요될 것이다. 그런데도 이 기술이 주목받는 이유는, 앞서 살펴본 시대적 흐름과 기능적 잠재성 외에도, 장기적으로 그 비용을 상회할 만큼의 편익을 제공할 수 있기 때문이다. 양자컴퓨터가 가지고 올 혁신의 특성을 확장성과 연쇄성으로 요약할 수 있다.

양자컴퓨터가 인공지능과 결합하는 순간, 혁신은 단일 기술의 발전을 넘어서 산업과 산업을 관통하며 확산하는 연쇄적 변화로 전개된다. 특정 문제 해결에 그치지 않고, 하나의 돌파구가 다른 영역의 도약을 유도하고, 그렇게 서로 영향을 주고받으며 혁신의 고리가 이어진다. 이런 변화는 단지 기술적 진보에 머무르지 않고, 산업 구조와 사회 시스템 전체에까지 파장을 일으킬 가능성이 크다.

이러한 변화는 주로 세 가지 기술 축—양자 시뮬레이션, 양자 최적화, 양자 암호보안—에서 출발한다. 각 영역의 혁신은 배터리, 태양광, 자율주행, 스마트그리드 등 개별 산업에 확산한다. 그리고, 각 혁신 간 연결 혹은 상호작용이 다른 산업의 구조적 발전을 이끌게 된다. 예를 들어, 양자 시뮬레이션은 태양광 발전이나 이차전지에 쓰일 신소재의 물리·화학적 특성을 고정밀도로 예측할 수 있게 한다. 이를 통해 좀 더 안전하고 수명이 길며, 대용량의 에너지를 빠르게 충전할 수 있는 전고체 이차전지가 된다. 이는 곧 전기차 성능의 비약적 향상으로 이어진다. 동시에 양자 최적화 기술은 자율주행 알고리즘의 실시간 판단력과 자원 할당 효율을 향상시키며, 차량 흐름 전반을 동적으로 조율할 수 있는 기술적 기반이 된다. 이러한 자율주행 기술은 기계 중심의 내연기관 자동차보다는, 전자제어 기반의 전기차 플랫폼과 더 자연스럽게 통합된다. 자율주행 등 전자·양자 기술은 전기차가 가진 구조적 단순성, 전자적 통합성, 소프트웨어 기반 제어 구조에 더 효율적으로 작동하기 때문이다. 결과적으로, 양자 시뮬레이션과 양자 최적화라는 서로 다른 기술 축에서 발생한 혁신이 전기차 산업의 고도화로 수렴하게 된다.

더 나아가, 양자 시뮬레이션 태양광 신소재 개발은 에너지 효율 향상과 함께 친환경 전기 에너지 확보의 기반이 된다. 양자 최적화 스마트그리드 발전은 '수요 예측', '분산 전력 제어' 등 송전 효율화에 이바지한다. 효율적인 전력망은 전기차 성장의 바탕이 되고, 반대로 전기차는 움직이는 분산형 에너지 저장장치로 기능하며 전력망의 균형 유지에도 기여할 수 있다. 즉, 양방향 상호작용이 가능한 생태계 발전이 일어난다. 여기에 양자 암호 기술이 결합하면, 전기차와 충전소, 클라우드 서버, 교통 인프라 간의 모든 데이터 통신이 도청과 위·변조의 위험 없이 수행될 수 있게 한다.

이처럼 양자 인공지능의 혁신은 단일 기술의 진보가 아니라, 여러 기술 발전이 맞물리는 상호작용을 통해 산업 구조 자체를 변화시키는 혁신이다. 이에 따라 나타나는 변화는 점진적인 개선이 아니라, 산업 전반과 사회 시스템을 아우르는 확장적이고 연쇄적인 재편으로 이어질 것이다.

양자 기술의 상용화를 가로막는 기술적 난제

양자컴퓨터의 원리와 위력 등을 설명하는 콘텐츠를 보면 아래와 같은 의문이 이어서 들곤 한다.

"양자컴퓨터가 대단한 건 알겠는데, 양자컴퓨터 시대는 언제 온다는 것인가? 그리고 정말로 양자컴퓨터 기술의 상용화는 가능한 것인가?"

양자컴퓨터에 관한 설명은 어느 한편으로는 정말 초현실적으로 느껴진다. 듣고 나면 위와 같은 의문이 드는 게 자연스러운 모습일지도 모른다. 그렇다. '참 이게 정말로 실현될 수 있는 기술일까?'란 의문이 든다. 물론 우리는 지금 양자컴퓨터가 여러 관점에서 필요한 시대에 살고 있다. 또 유용한 양자컴퓨터가 가지고 올 혁신은 크나클 것이다. 하지만 유용한 양자컴퓨터를 만드는 길은 생각만큼 또 가까이 있는 게 아닐 수 있다. 왜냐? 양자를 정교하게 다루는 일은 극히 어렵기 때문이다.

양자 중첩과 얽힘 상태를 유지하는 것이 핵심

우선 유용한 양자컴퓨터가 탄생하려면, 양자 중첩과 얽힘 상태를 장시간 안정적으로 유지할 수 있는 기술이 필수적이다. 하지만 계산을 수행하고 오류를 수정하며 결과를 도출하는 전 과정에서 이 상태를 유지하는 일은 매우 어렵다. 양자 중첩과 얽힘은 강력한 계산 무기지만, 이를 정밀하게 계산이 완료되기까지 단계별로 오랫동안 유지하며 활용하는 것 자체가 가장 큰 난관이기도 하다.

양자 계산은 단일한 연산이 아니라, 여러 단계가 겹쳐 이루어지는 복잡한 과정이다. 계산을 위해선 먼저 큐비트를 생성하고, 이들을 정교하게 연결해 얽힘 상태를 형성해야 한다. 그다음에는 양자 게이트를 적용하며 연산을 수행하고, 도중에 발생할 수 있는 오류를 감지하고 수정해야 한다. 마지막으로, 큐비트를 정확히 측정해 계산 결과를 얻는다. 이 모든 과정이 문제없이 흘러가기 위해선, 중첩과 얽힘이라는 섬세한 양자 상태가 처음부터 끝까지 무너지지 않고 유지되어야 한다.

계산을 시작하기 전, 먼저 계산에 사용할 큐비트를 만들어야 한다. 큐비트는 전자, 이온, 초전도 회로와 같은 아주 민감한 물리적 시스템을 통해 구현된다. 문제는 이 큐비트들이 열이나 진동, 전자기파 등과 같은 외부 환경의 미세한 변화에도 쉽게 흔들린다는 점이다. 큐비트를 수천 개 이상 동시에 안정적으로 만들고 제어하는 일은 오늘날 가장 어려운 기술적 도전 중 하나다. 많은 큐비트를 확보하는 것 자체가 양자컴퓨터 실용화를 가로막는 첫 번째 장벽이다.

이후 이 큐비트들을 서로 정교하게 연결하고 얽힘 상태를 형성하여 '알고리즘' 계산 논리를 구성한다. 문제는 큐비트 수가 많아질수록 이 연결 구조를 안정적으로 유지하는 것이 점점 더 어려워진다. 연결 구조의 불안정은 얽힘의 붕괴로 이어지고, 이는 곧 계산 실패로 직결된다.

계산은 큐비트에 특정한 연산, 양자 게이트를 순차적으로 적용하는 방식으로 진행된다. 양자 게이트는 큐비트의 상태를 조금씩 바꿔가며 계산을 완성해 나간다. 그러나 이 연산 중에도 중첩과 얽힘 상태가 그대로 유지되어야 하므로, 아주 정밀한 제어가 필요하다. 연산 하나하나가 조금만 어긋나도 오류가 누적되고, 전체 계산 결과를 신뢰할 수 없게 된다. 즉, 연산이 길어질수록 정확도와 안정성을 유지하며 계산하는 것은 더욱 어렵다.

게다가 컴퓨터 계산 중에는 항시 오류가 발생할 수 있다. 하지만 양자 상태는 관측하면 즉시 붕괴하기 때문에, 큐비트의 상태를 직접 확인할 수는 없고, 보조 큐비트를 통해 간접적으로 오류를 감지하고 정밀하게 복원하는 기술이 요구된다. 관측하지 않고, 오류를 확인하고 정교하게 그리고 빠르게 수정해야 한다고 상상해 보자. 그 자체로도 매우 어려운 일임을 직감할 수 있다.

모든 계산이 끝나면, 큐비트를 측정하여 결과를 얻는다. 측정은 단순한 출력이 아니라 전체 계산의 성공 여부를 가늠하는 마지막 관문이다. 큐비트는 측정 직전까지도 정확하고 안정된 상태로 유지되어야 하며, 이때 누적된 오류나 상태의 붕괴가 있다면 측정 결과는 신뢰할 수 없다. 마지막까지 큐비트들이 안정된 상태를 유지하고 있어야만 신뢰할 수 있는 결과가 나온다.

위 설명을 통해서 양자컴퓨터 개발의 기술적 어려움이 조금이라도 설명이 잘 되었을지 모르겠다. 근본적인 기술적 어려움은 전자와 같은 미시 세계 입자들 극히 미세하여, 중첩과 얽힘 상태를 유지하는 일이 매우 어렵다는 데 있다. 양자들은 조금이라도 관측되는 그 즉시 그 고유한 상태가 무너진다. 그래서 양자컴퓨터를 만들기 위해서는 초진공 또는 초전도체(극저온 또는 극고압)와 같은 특수한 상태를 구현해야만 한다. 누군가는 이 양자 제어 기술을 '신의 영역'이라 부르기도 한다. 양자컴퓨터 기술의 성숙은 과연 언제쯤 다가올까? 정말 그러한 날이 오기는 할까? 그 답은 아직 누구도 알 수 없다. 하지만 분명한 것은, 인류는 이제 그 기술을 손에 넣기 위한 긴 여정을 이미 시작했다는 것이다.

시점보다 중요한 것은 방향성

2025년 1월 국제 전자제품 박람회The International Consumer Electronics Show, CES에서 엔비디아 CEO 젠슨 황은 양자컴퓨터 상용화 시점에 대해 아래와 같이 평가했다.

> "매우 유용한useful 양자컴퓨터에 대해 15년이라고 말한다면, 아마도 그건 초기 단계(양자컴퓨터)일 겁니다. 30년이라고 한다면 아마도 후기 단계(양자컴퓨터)일 거고요. 하지만 20년쯤이라고 한다면, 우리 대부분은 그럴듯한 시점이라 생각할 겁니다."[114]
> — 젠슨 황, 2025년 1월 CES —

즉, 그는 유용한 양자컴퓨터의 상용화까지 최소 20년은 더 필요하다고 본 것이다. 이 발언이 전해진 직후, 미국의 아이온큐와 리게티Rigetti 등 주요 양자 컴퓨팅 기업들의 주가는 약 40% 가까이 급락했다.

물론 그는 2025년 3월 엔비디아 GTC$^{GPU\ Technology\ Conference}$ '양자의 날$^{Quantum\ Day}$' 패널 토론에서, 양자컴퓨터 상용화 시점에 대한 자신의 발언을 사과하며 기술의 복잡성과 잠재력을 동시에 인정했다. "이 기술이 실현되기까지 수년이 걸릴 것이라고 말한 이유는 오직 그것이 지닌 압도적인 복잡성 때문이었습니다. 주가가 내려갔을 때, 저는 이들 기업이 상장된 회사인지조차 몰랐습니다. 오늘 저는 모든 양자컴퓨팅 기업의 CEO들에게 제 말이 틀렸다는 것을 증명해 달라고 초대하기 위해 이 자리에 섰습니다." 이 발언으로 관련 업계의 큰 반발과 상용화 시점에 대한 논쟁이 촉발됐다. 사실 양자 기술 상용화 시점에 관한 관심과 논란은 그 이전부터 지속돼 왔다. 상용화 시점을 젠슨 황처럼 보수적으로 보는 시각도 있지만, 아이비엠, 구글^{Google}, 마이크로소프트^{Microsoft} 등 주요 기업들은 상대적으로 낙관적인 전망을 하고 있다. 이들 기업은 대체로 '2030년대 중반'을 목표 시점으로 설정하고 있으며, 이때쯤에는 특정 산업에서 고전 컴퓨터로는 풀기 어려운 문제를 양자컴퓨터가 해결할 수 있을 것으로 기대된다.

    젠슨 황처럼 보수적으로 보는 견해도 있지만, 누가 알겠는가. 어느 날 갑자기, 예기치 않게 기술의 진보를 앞당기는 선지자가 나타날지도 모를 일이다. 반면, '2030년대 중반 상용화'라는 낙관적 전망을 비판하는 시각도 있다. 이들은 양자컴퓨터 개발이 극도로 어려운 기술이며, 막대한 시간과 자본이 요구된다는 점을 지적한다. 따라서 2030년 이후에도 이 분야의 투자가 이어지고 개발 동력을 유지하기 위해서는, 2030년 전후에는 최소한 '희망을 줄 만한 결과'를 반드시 보여줘야 하며, 그래서 기업들이 2030년대 중반을 목표로 삼는 것이라는 해석도 있다.

양자컴퓨터 기술이 언제쯤 상용화될지 궁금해하는 것은, 그 자체로 매우 흥미로운 주제인 만큼 지극히 자연스러운 일일이다. 하지만 실제로 그 시점을 정확히 특정하기란 결코 쉬운 일이 아니다. 그렇기에 그 시점을 예측하려는 것보다 기술과 산업 발전 방향성을 살펴보는 것이 현실적이고도 중요한 일일지도 모른다.

앞서 언급한 것처럼 양자컴퓨터 기술 발전은 단독으로 이루어지기 어렵다. 초기 버전의 양자컴퓨터는 CPU 및 GPU 기반 고전 컴퓨터 AI 기술과 함께 보조적으로 활용되어 점진적으로 발전할 것이다. 양자 제어 기술의 높은 난도를 고려하면, 양자컴퓨터 개발에는 막대한 투자 비용과 운영 비용, 장기적 시간이 소요된다. 그렇기에 지속 가능한 양자컴퓨터 개발 동력이 유지되기 위해서라도, 고전 컴퓨터 기반 AI 기술의 부분으로써 활용이 필수적이다. 나아가 기술 성숙기에 접어들어 범용 양자컴퓨터의 시대가 오더라도, AI 시스템 내에서 고전 컴퓨터와 양자컴퓨터의 협업은 지속될 것으로 보인다. CPU, GPU, QPU 각각의 처리 장치가 강점을 발휘하는 분야는 명확히 구분되기 때문이다. 따라서 각자의 강점을 살려 역할을 분담하고 AI 시스템 내에서 결합해 운용하는 편이 더 효율적이다.

  하지만 이야기는 여기서 끝나지 않는다. 고전 컴퓨터와 양자컴퓨터가 결합한 인공지능이 실질적인 혁신과 가치를 창출하기 위해서는 무엇보다 제조 기술과의 융합이 중요하다. 양자 인공지능이 그 성능을 충분히 발휘하기 위한 대규모 데이터 연산이 가능한 곳은 결국 기업 환경이다. 특히 제조업은 양자 최적화 및 양자 시뮬레이션 등 다양한 기술적 응용이 가능한 대표적인 분야다. 현재 고전 컴퓨터 기반 AI 기술은 콘텐츠 생성, 챗봇, 검색 엔진 등 소프트웨어 중심의 서비스 산업에서 주로 두각을 나타내고 있지만, 양자 인공지능이 발전함에 따라 AI 기술의 활용 영역은 제조업으로 점차 확대될 것이다. 어쩌면 제조업과의 융합은 양자 인공지능 시대에 선택이 아니라 필수일지도 모른다. 이제 그 이유를 더 자세히 알아보자.

V

양자 인공지능 시대, 제조업을 다시 주목해야 한다?

'제조업 르네상스',
첨단산업 혁신과 제조는 얽혀 있다!

이 책에서 다루는 양자컴퓨터와 인공지능은 미래 기술 정점에 있는 분야다. 그런데 갑자기 제조업 이야기를 꺼내니 다소 어색하게 느껴질 수도 있다. 실제로 오늘날 제조업은 '낡은 산업', '구시대의 유산'처럼 보이기 쉽다. 많은 이들은 경제가 발전하면 제조 기능은 개발도상국으로 이전시키고, 연구 개발R&D, IT, 금융 같은 고부가가치 산업으로 중심을 옮겨야 한다고 생각한다. 하지만 우리가 제조업의 가치를 지나치게 폄하하고 있는지도 모른다. 제조업은 여전히 첨단산업의 토대며, 혁신의 현실적 구현을 가능케 하는 중심축이다. 이 점을 다시 조명한 이들이 있다. 바로 하버드 경영대학원 교수 개리 피사노Gary P. Pisano와 윌리 시Willy C. Shih다.

두 사람은 연구를 통해 지속 가능한 기술과 산업 혁신에 제조업 생태계가 필수적이라는 점을 밝혔는데, 이 연구의 출발점이 된 문제의식은 2008년 미국 금융위기 직후 제기된 "미국이 자랑하던 첨단산업 분야에서조차 왜 경쟁력을 잃어가고 있는가?"라는 질문이었다. 당시 미국의 고민을 바라보는 피사노와 시의 관점은 단순한 환율이나 인건비 경쟁력의 문제가 아니었다. 그들은 문제의 근본 원인을 미국 내 제조업 기반 약화에서 찾았고, 이는 첨단 기술 산업의 경쟁력 하락으로 이어지며 관련 무역수지 악화와 직결된다고 진단했다. 그리고 두 사람은 미국 첨단산업의 경쟁력 약화의 원인을 'R&D는 미국에서, 생산은 해외에서 Invent here, produce there'로 상징되는 미국 산업 전략에서 찾았다. 이 산업 전략의 핵심은 제조를 더욱 효율적으로 잘하는 국가와 연구 기능을 더욱 효율적으로 잘 수행하는 국가 간 역할을 구분하는 것으로, 연구 개발 기능과 제조 기능을 국가별로 분리했다.

이 산업 전략은 언뜻 보기엔 매우 효율적인 전략처럼 보인다. 미국은 첨단 기술을 연구할 수 있는 풍부한 기술력, 인력, 자본을 갖추고 있었지만, 자국 노동자의 임금은 아시아 국가들보다 훨씬 높았다. 이에 따라 1980년대 중후반부터 미국 기업들은 점차 제조 공장을 인건비가 낮은 중국 등 아시아로 옮기고, 연구 개발은 본사에서 수행하는 'R&D는 미국에서, 생산은 해외에서' 구조를 구축하기 시작했다. 이 전략은 1990년대 이후 글로벌 분업 체계로 자리 잡았고, 특히 중국이 2001년 세계무역기구WTO에 가입하면서 그 절정을 이룬다. 미국은 저렴한 수입 소비재 덕분에 1980년 당시 골머리를 앓았던 물가 상승 압력을 효과적으로 낮출 수 있었고, 아시아 국가들은 수출 기반 제조업을 통해 빠르게 경제성장을 이루었다. 물론 그 대가로 미국은 1980년대 이후 무역수지 적자를 점점 더 감수해야 했다. 그러나 저렴한 수입품 덕분에 미국 소비자는 생활비 부담을 실질적으로 줄일 수 있었고, 이런 점에서 생산과 연구의 기능을 국가 단위로 분리하는 것은 그 당시 상당히 합리적인 전략이었다.

하지만 시간이 지남에 따라 이 산업 전략을 제시한 경제학자들이 예기치 못한 현상이 발생한다. 미국이 잘하는 연구 개발 기능마저도 제조 공장이 있는 중국 등 아시아 지역으로 이동하기 시작한 것이다. 동시에 미국 내 일자리는 더욱 감소하고, 무역수지는 더욱 나빠지고, 첨단산업 분야의 경쟁력마저 줄어들고 있었다. 이런 문제를 관찰한 피사로와 시는 질문을 던진다.

"제조 산업 기업들은 왜 R&D 기능마저 제조 기능이 있는 아시아 지역으로 옮긴 것인가?" 그리고 "R&D 기능과 제조 기능이 지리적으로 가까운 곳에 있을 때와 그렇지 않을 때 차이가 무엇이고, 기술과 산업 발전에 어떤 영향을 주는가?" 피사노와 시는 위 질문에 대한 답을 하기 위한 연구를 시작했고 여러 논문과 저서를 통해 제조업의 중요성을 역설한다. 그 중 대표적인 저서《왜 제조업 르네상스인가?*Producing Prosperity, why American needs a manufacturing renaissance*》의 핵심은 다음과 같다.

산업 기술 혁신은 제조 기능과 R&D 기능이 지리적으로 가까이 상호작용할 때 가능하며, 특히 첨단산업 발전 과정에서 두 기능의 근접성은 필수적이다. 첨단산업 기술은 설계 완성도가 낮고 변화가 잦다. 따라서 수많은 시행착오 속에서 R&D와 제조 간 면밀한 조정과 '학습 전이Transfer of learning'를 거쳐야 설계와 공정 성숙도가 향상된다. 또한 문서로 담기 어려운 현장 경험과 노하우인 '암묵적 지식Tacit Knowledge'은 학습 전이 과정에서 필수적이지만, 이메일이나 화상 회의만으로는 전달될 수 없다. 나아가 제조와 R&D가 분리되면 부품·소재 공급망과도 단절돼 연구 개발이 지연된다. 이런 이유로 미국 기업은 R&D 기능도 제조 생태계가 밀집한 아시아로 이전한다. 공장을 옮기는 것보다, 사람을 옮기는 편이 훨씬 쉽기 때문이다.

반면, 가전산업처럼 성숙한 산업은 제조와 R&D의 근접성이 덜 중요하다. 하지만 해당 산업의 제조 기능을 인건비가 낮은 국가로 전면 이전하는 일은 그 국가의 장기 경쟁력을 해칠 수 있다. 제조·기술·공급망·인력이 한 지역에 집약되면 산업별 기술이 연결돼 네트워크를 이루고, 이러한 '산업 공유지'는 연쇄 혁신의 기반이 된다. 예컨대 일본과 한국은 가전제품 제조와 R&D 역량을 바탕으로, 더 오래 사용할 수 있는 랩톱 컴퓨터와 휴대전화 수요에 대응해 배터리 기능을 혁신했다. 이 성과는 전기자동차의 핵심 소재인 소형 대용량 리튬이온 배터리(이차전지) 상용화로 이어졌다. 또한 반도체 제조 역량을 태양전지 개발에도 적용해 새로운 산업 경쟁력을 확보했다. 그러나 미국은 가전·반도체 제조를 해외로 이전해 이러한 산업 공유지를 잃었고, 그 결과 이차전지와 태양전지 분야에서 후발 주자가 되었다. 이는 제조업 기술과 산업 공유지가 국가 산업 기술 발전에 있어 중요한 기반임을 보여준다.

양자컴퓨터와 제조업 생태계 간 상호작용

그렇다면 양자컴퓨터 기술 및 산업이 발전하는 과정에서 제조업 역량과 생태계가 필요한 이유는 구체적으로 무엇일까?

우선 양자컴퓨터의 여러 개발 방식을 간단히 알아보자. 양자컴퓨터를 구현하는 기술 방식은 현재 크게 여섯 가지로 나뉜다.

초전도체 방식

극도로 낮은 온도에서 초전도 상태가 된 회로를 이용한다. 설계가 비교적 쉽고 속도도 빠르지만, 극저온 환경 유지에 드는 비용과 복잡성이 크다는 단점이 있다.

이온트랩 방식

이온을 레이저로 잡아 제어하는 기술이다. 양자 상태가 오래 유지돼 정밀한 연산이 가능하지만, 많은 큐비트를 추가할수록 연산 속도가 느려진다.

반도체 방식

반도체 속 작은 양자점을 활용한다. 기존 반도체 기술과 호환성이 높아 경제성이 뛰어나지만, 기술적 완성도는 아직 낮고 오류도 많다.

광자 방식

빛(광자)의 양자 상태를 조작하여 정보를 처리한다. 실온에서도 동작하고 주변 환경의 잡음에 강하지만, 큐비트 간의 상호작용을 구현하기가 까다롭고 정밀도가 떨어진다.

위상 방식

양자의 특정 위상 구조를 이용해 계산하는 이론적 접근이다. 외부 오류에 매우 강한 장점이 있지만, 실제 구현 기술이 아직 초기 단계에 머물고 있다.

중성원자 방식

원자들을 레이저로 정밀하게 배열해 연산하는 방식이다. 큐비트 확장이 쉬워 많은 양자 정보를 처리할 수 있지만, 원자들을 정밀하게 제어하고 시스템을 안정적으로 유지하기 위한 기술 난도가 높다.

표준화되지 않은 양자컴퓨터 개발 단계에서 제조 역량은 중요하다

이처럼 각각의 기술은 서로 다른 강점과 약점을 갖고 있으며, 양자컴퓨터 개발의 목표와 환경에 따라 적합한 방식을 선택하여 연구가 진행 중이다. 이 중 초전도체와 이온트랩 방식이 가장 활발히 연구되고 있다. 양자컴퓨터 개발의 시작은 사실 원리 입증 Proof of Principle 으로부터 시작했다. 원리 입증 단계의 목표는 소량의 큐비트를 생성하고, 얽힘을 통해 제어하고 측정하여 이론적으로 가능했던 계산이 실제로 구현될 수 있음을 보여주는 것이 가장 중요했다. 참고로 구글의 시카모어도 원리 입증 차원에서 양자 우위를 시연한 사례로 볼 수 있다. 시카모어가 푼 계산 문제는 양자컴퓨터 연산에 유리하도록 설계된, 일종의 '답이 정해진' 문제였다. 그렇기에 시카모어가 해결한 문제는 우리 실생활과 관련성이 거의 없었다. 그래서 "현실과 동떨어진 문제를 푼 것에 불과하다"라는 냉정한 비판이 뒤따랐다. 쇼어 알고리즘을 활용한 소인수분해 시연도 매우 단순한 문제를 해결한 것으로, 아직 실용성과는 거리가 멀다. 비록 두 시도 모두 실용성은 부족하다 볼 수 있지만, 원리 입증 차원에서 충분한 의미를 지닌다고 볼 수 있다.

이런 관점에서 초기에 주로 선택된 방식이 바로 초전도체와 이온트랩이다. 초전도체 기반 방식은 전자가 저항 없이 흐르는 초전도 상태를 인공적으로 구현해 회로를 구성한다. 설계가 비교적 쉽고 연산 속도도 빠른 장점이 있다. 초전도체 방식은 비교적 쉽게 큐비트를 생성할 수 있는 확장성이 있었다. 이온트랩 방식은 자연 상태의 이온을 직접 활용해 큐비트를 구성한다. 장시간 양자 상태를 유지할 수 있어 계산 정확도가 높고, 정밀한 제어가 가능하다. 이런 관점에서 두 방식이 기술 발전 초기에 선택된 것으로 볼 수 있다. 반면 두 방식엔 분명한 단점이 존재한다. 초전도 방식은 초전도 환경을 유지하는 데 드는 비용이 많이 들고, 자연 상태의 입자를 직접 사용하는 것이 아니기 때문에 계산의 정밀성 면에서는 다소 한계가 있다. 이온트랩의 경우 이온 개수가 늘어날수록 제어가 복잡해지고, 연산 속도는 초전도체 방식보다 느린 편이다. 또한 고성능 레이저와 대형 진공 시스템 등 복잡한 과학 장비가 필수적으로 요구된다. 초전도체와 이온트랩 외에도 반도체, 광자, 위상, 중성원자 기반 방식이 연구되고 있다. 각각 장단점이 명확하며, 어떤 방식이 최종적으로 기술의 표준이 될지는 아직 확정되지 않았다.

이처럼 다양한 방식이 병존한다는 사실은 양자컴퓨터 기술이 아직 초기 단계에 머물러 있음을 보여준다. 이러한 불확실성이 높은 기술 발전 단계 초기에는 제조업 역량이 특히 중요하다. 양자컴퓨터는 단순한 소프트웨어가 아니라, 복잡한 하드웨어를 구성하는 소자, 부품들의 결합체다. 물론 상용화된 양자컴퓨터는 개인용 고전 컴퓨터와 같이 소형화하지 않으리라고 예상되지만, 지금의 양자컴퓨터는 고전 컴퓨터 초창기의 에니악처럼 거대하고 투박하다. 소프트웨어 기능 향상에 맞춰 완성형 장치로 발전하기 위해서는 수많은 실험과 보완이 필요하다. 그렇기에 여러 소자와 부품을 제조하는 역량이 중요하고, R&D 기능과 제조 기능 간 긴밀한 협업이 필요한 것이다. 나아가 복잡한 설계의 이해와 효율적인 생산을 위한 암묵적 지식 커뮤니케이션 등이 이뤄지기 위해선 두 기능이 지리적으로 가까이 위치해야 한다.

산업 공유지 안에서 발전할 수 있는
양자컴퓨터 기술 개발

또한 '냉장고-이차전지', '반도체-태양전지' 사례에서 보듯, 산업 공유지는 예기치 못한 방식으로 양자컴퓨터 하드웨어 발전을 촉진할 수 있다. 실제로 양자컴퓨터 개발 초기부터 기존 산업의 다양한 기술이 폭넓게 활용되었다. 가령 이온트랩 방식은 오랫동안 축적된 정밀 레이저 제어 기술과 초고진공 시스템을 기반으로 발전했고, 초전도체 방식 역시 반도체 칩 제작에 사용되는 공정 기술과 유사한 기술이 활용되고 있다. 이 두 가지 방식뿐 아니라, 광양자 양자컴퓨터 등 여러 기술이 전자·반도체 산업의 인프라를 활용하며 초기 발전을 시도하고 있다.

양자컴퓨터에는 연결, 유지, 제어, 안정화를 위한 다양한 소자와 부품, 시스템이 필요하다. 하지만 현재 기술 수준은 아직 초기 단계에 머물러 있으며, 표준화를 통한 상용화까지 해결해야 할 과제가 많다. 이 과정에서 최적화된 소자와 시스템이 어떤 모습으로 진화할지는 아직 분명하지 않다. 따라서 어떤 산업의 기술이 실제로 도움이 될지는 예측하기 어렵기에, 양자컴퓨터 개발은 산업 공유지 안에서 이루어질 필요가 있으며, 바로 그 점에서 산업 공유지가 양자컴퓨터 발전에 필수적 토양이 된다는 것이다.

양자컴퓨터 상용화 시대에도
제조업은 왜 여전히 중요한가?

성숙기에 접어든 양자컴퓨터 기술이 다른 산업에 적용될 때도 제조업 역량은 여전히 중요하다. 예를 들어, 제약 산업에서 양자 인공지능을 활용해 신약 개발에 속도를 내는 경우를 생각해 보자. 양자 시뮬레이션을 통해 유망한 백신 후보를 빠르게 찾아낸다 해도, 그것을 대량생산하고 상용화하는 과정은 또 다른 차원의 일이다. 실험실에서 소량 생산은 성공했지만, 실제로 톤 단위로 생산할 때는 기대한 결과물이 나오지 않는 경우가 흔하다. 실험실 수준에서는 나노미터 단위로 정밀하게 만들 수 있어도, 공장 환경에서는 그 정밀도를 유지하기 어렵기 때문이다. 이처럼 R&D와 양산 사이에는 현실적인 간극이 존재한다. 특히 바이오와 화학 산업에서는 이 간극이 더욱 크다. 새로운 소재나 약물이 실질적인 가치를 가지고 탄생하려면, 연구 개발과 양산 개발이 긴밀하게 연결되고, 여러 시행착오와 개선 과정을 반복해야 한다. 물론 이런 관계성은 바이오·화학 산업에만 국한되지 않고 첨단 기술 발전 전반에 해당한다. 따라서 양자컴퓨터 상용화 시대에도 양자컴퓨터를 활용한 연구 개발과 제조는 분리될 수 없다.

5장에서는 첨단산업 발전에 있어 제조업과 제조업 생태계(산업 공유지)의 중요성을 살펴보았으며, 양자컴퓨터 기술 역시 이와 긴

밀히 연결되어 있음을 확인했다. 양자컴퓨터를 인공지능에 활용할 수 있는 수준까지 발전시키는 일은 결코 쉬운 과제가 아니며, 그 시점이 언제 도래할지는 예측하기 어렵다. 그러나 인류는 이미 신의 영역이라고도 불리는 양자 제어 기술 개발을 시작했다. 현실적으로 양자컴퓨터는 고전 컴퓨터 기반의 인공지능과 함께 발전할 가능성이 크다. 기술이 성숙한 이후에도 양자컴퓨터는 고전 컴퓨터와 경쟁하기보다는 상호보완적인 관계로 활용될 것이다. 마치 좌뇌와 우뇌가 서로 다른 기능을 담당하듯, 두 시스템은 각자의 강점을 살려 함께 쓰일 것이다. 그 과정에서 제조업 및 제조 생태계와의 긴밀한 상호작용은 필수적이다. 이 상호작용은 산업과 사회 전반에 연쇄적인 혁신을 일으키는 동력이 될 것이며, 인류 문명의 다음 단계를 여는 촉진제가 될 것이다.

꼭 모두에게 좋은 방향으로 이용되진 않을 수 있다

하지만 과연 양자컴퓨터 활용이 긍정적인 방향으로만 이루어진다고 보장할 수 있을까? 인간은 선한 의지가 있지만, 인간의 역사는 '아我와 비아非我의 투쟁'이란 말과 같이 갈등과 투쟁이 꾸준하게 이어져 왔다. 그렇기에 상용화된 관련 양자 기술이 꼭 모두에게 좋게 사용될 거라는 장담을 할 수 없다. 특히나 관련 기술이 국가 단위의 경쟁에 활용될 때 그 충격은 기업 단위 경쟁과는 비교할 수 없을 정도로 클 것이다. 실제로 양자컴퓨터에 앞서 양자역학 패러다임이 수립된 이후에 비로소 탄생할 수 있었던 관련 기술들은 한 국가의 전략적 자원으로써 활용되고 있다. 원자폭탄은 2차 세계대전을 마무리 지었으며, 이후 핵 억제력 개념이 등장하면서 냉전이라는 시대의 새로운 질서가 유지되는 데 역할을 한다. 반도체 기술의 경우 미국과 소련 냉전 체제 경쟁 속 미국의 승리를 가져다준 기술로써 재조명되고 있다. 이처럼 원자폭탄, 반도체가 전략적 무기로 사용되고 활용된 것과 같이, 인간이 사용하게 될 양자컴퓨터라는 도구는 모두에게 유익한 방향으로 사용되지 않을 수 있다.

냉전 체제가 종식된 이후, 미국의 일강 체제가 지속될 줄 알았지만, 2008년 미국 금융위기 이후 미국과 중국은 기술 패권 경쟁을 하고 있다. 두 나라 간 기술 패권 경쟁은 AI로 상징되는 4차 산업혁명이라는 패러다임이 전환되는 시점에 더욱 치열해지고 있다. AI의 핵심이라 불리는 반도체 기술과 공급망은 미국의 강력한 전략 무기로 작동하고 있다. 냉전 때 승리를 가져다주었던 미국의 반도체 기술이 중국과 경쟁에서도 여전히 강력한 전략 무기로 작동하고 있는 셈이다. 그리고 4차 산업 패러다임 변화의 마침표를 찍을 수 있는 잠재력을 가진 양자컴퓨터가 등장했다.

물론 미국의 기술력은 여전히 종합적으로 중국의 기술력에 앞선다. 하지만 양자컴퓨터 산업은 아직 초기 단계에 불과하다. 그 기술적 난이도 또한 모든 국가에 공통으로 높은 장벽으로 작용한다. 그렇기에 미국과 중국 간 관련 기술 격차가 생각만큼 크지 않다면, 앞으로 두 국가 간 경쟁은 어느 한쪽에만 유리하다고 보긴 어려울 수 있다.

마지막 장에서는 양자역학 패러다임이 수립된 이후 탄생한 기술이 국가 간 안보 문제에 어떤 영향을 주었는지, 나아가 2020년대 펼쳐지고 있는 미·중 기술 패권 경쟁의 배경과, 미국과 중국 관점에서 반도체 공급망과 양자컴퓨터의 전략적 의미가 어떻게 될 수 있는지 이야기하고 마치고자 한다.

VI

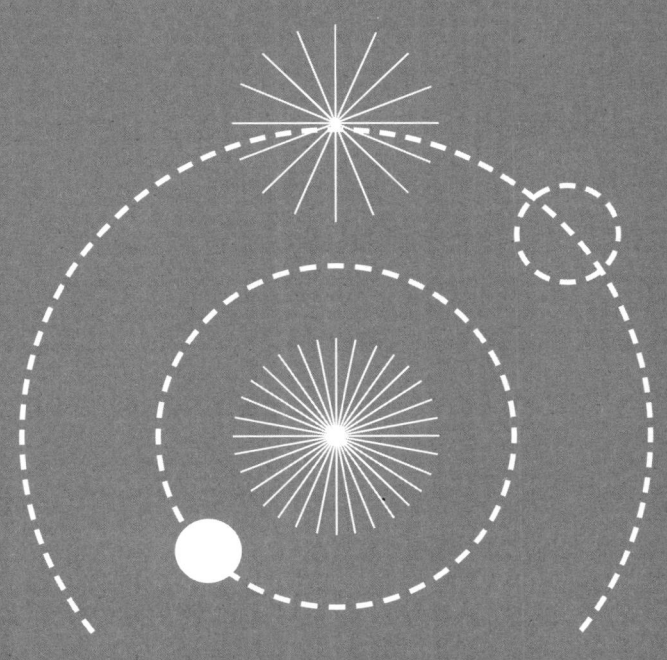

현대 과학·기술 패러다임과 얽힌 국제 질서 변화의 서사 :
양자과학에서 전략기술로, 원자폭탄과 반도체, 그리고 양자컴퓨터

대전환의 시대,
그 변화는 이미 시작되었다!

핵무기 개발 이후 재편된
국제 질서와 힘의 균형

20세기 초, 원자 세계의 비밀이 밝혀지면서 여러 과학 분야에 혁신이 일어났고, 동시에 인류 문명을 위협할 수 있는 원자폭탄이 등장했다. 이는 기존의 재래식 무기와는 차원이 다른, 양자역학과 핵물리학의 결합을 통해 개발된 무기였다. 맨해튼 프로젝트를 통해 세계 최초로 원자폭탄을 개발한 미국은 2차 세계대전 말기에 일본에 이를 사용했고, 그 직후 일본은 항복을 선언하며 전쟁이 종결되었다. 이로써 원자폭탄의 파괴력은 전 세계에 각인되었다. 이후 미국과 소련을 중심으로 핵무기 군비 경쟁이 촉발됐고, 핵무기의 위력과 수량이 급격히 증가했다. 강대국들은 핵무기의 무한 확산이 인류 공동의 위기를 초래할 수 있다는 인식 아래, 1968년 유엔 총회에서 핵확산금지조약^{NPT}을 체결했다. 이 조약은 핵 비보유국의 핵무장과 핵보유국의 핵무기 이전을 모두 금지하여 핵확산을 막는 것을 목표로 삼았다. 비록 일부 국가가 핵을 보유하거나 지역 분쟁이 발생하는 예외는 있었지만, 핵보유국 간 상호 억제 체제가 형성—핵 억제력—되면서 3차 세계대전과 같은 대규모 전면전은 일어나지 않았다. 원자 세계에 대한 이해를 바탕으로 수립된 양자역학은 원자폭탄 개발로도 이어졌고, 원자폭탄은 새로운 국제 질서 형성되는 데 큰 영향을 미치게 된 것이다.

아직은 먼일일 수도 있지만, 유용한 양자컴퓨터 등장 역시도 원자폭탄과 같이 국가 간 관계, 국제 질서 구도 변화에 영향을 줄 수 있다. 극단적인 예를 하나 들어보자. 상용화된 양자컴퓨터는 기존 보안 체계를 단번에 무력화할 수도 있다는 전망도 존재한다. 만약 한 국가에서 암호 보완 체계 해킹에 특화된 양자컴퓨터를 개발했다고 한다면, 이는 원자폭탄보다 더 무서운 무기가 될 수도 있다. 극단적으로 예를 들자면 그렇다는 것이다. 좀 더 현실적으로, 양자 인공지능이 발전하여 최적화, 시뮬레이션, 그리고 암호/보안 분야에서 예상과 같이 활용된다면 이는 국가 간 상당한 역량 차이를 발생시킬 수 있는 요인이 될 수 있다. 눈에 띄는 국가 간 역량 차이가 발생하면, 이는 자연스럽게 주변 국가들을 불안하게 만드는 환경이 조성되어 안보 문제와 연결되기 때문이다. 또한 안보 문제에 직면한 국가 간 대결 국면에서 기술력 차이는 그 승패를 가르는 데 결정적인 영향을 줄 수 있다. 원자폭탄 개발 이후 이와 같은 역할을 한 기술은 바로 반도체다. 반도체 역시 양자역학 원리가 이해된 이후에 비로소 탄생할 수 있었던 기술이다.

미국과 소련 냉전 체제의 승패를 가른 반도체 기술

2차 세계대전이 끝난 이후, 미국과 소련이라는 두 강대국을 중심으로 세계는 양극 체제로 재편된 냉전 체제가 등장했다. 핵 억제력을 비롯한 복합적인 요인들로 인해 전면전은 일어나지 않았지만, 두 체제의 경쟁은 치열했고, 결국 미국의 승리와 소련의 붕괴로 귀결되었다. 이 패권 경쟁의 결과를 가른 핵심 요인 중 하나로 '반도체' 기술이 재조명되고 있다. 정보처리, 군사, 우주, 통신 분야의 발전을 이끈 반도체 기술력은, 미국이 소련을 앞설 수 있었던 기술적 결정 요인이었다. 이 승부의 비밀을 입체적으로 분석한 인물이 바로 미국 역사학자 크리스 밀러Chris Miller다. 그의 저서 《칩워Chip War》에서 냉전 승패의 본질을 '실리콘 밸리의 승리'라고 요약하며, 미국이 소련과의 체제 경쟁에서 우위를 점할 수 있었던 배경으로 반도체 기술력과 글로벌 공급망을 꼽았다. 냉전 초기만 해도 군사력, 경제력, 과학 기술력에서 미국과 소련 간 큰 격차는 없었지만, 시간이 흐르며 반도체를 기반으로 한 기술 격차는 빠르게 벌어졌다. 미국의 반도체 기술, 유럽의 반도체 장비, 일본의 소재 및 부품, 한국과 대만의 제조 역량으로 연결되는 글로벌 공급망은 저비용 대량생산 체제를 형성했고, 이는 미국의 군사력, 기술력, 그리고 경제력 우위를 더욱 공고히 했다. 반도체 산업이 만들어낸 부富의 효과는 미국의 동맹국들에도 확산했고, 유럽, 북미, 동북아를 연결하는 이 공급망은 경제와 안보가 결합한 동맹 네트워크가 되었다. 소련 역시 반도체 산업을 육성하려 했지만, 기술의 주도권은 철저히 미국에 있었다. 모방과 추격에 의존했던 소련은 기술 격차를 극복할 수 없었고, 결국 패권 경쟁에서 뒤처졌다. 크리스 밀러의 표현을 빌리자면, "냉전은 끝났고, 실리콘 밸리가 이겼다."[115]

미·중 기술 패권 경쟁의
시작과 그 이유

냉전 체제가 끝나고 미국 일강 체제가 1990년대 펼쳐졌다. 미국은 전 세계적으로 경제 자유화와 정치 자유화가 함께 진행될 것이라는 낙관적 신념을 갖고 있었다. '경제가 발전하면, 중산층이 성장하고, 그 중산층이 민주화 요구를 강하게 제기할 것이다'라는 가설이 이 신념을 뒷받침해 주고 있었다. 압도적인 과학 기술, 군사력, 경제력을 바탕으로 체제의 우위를 증명한 미국의 믿음이었기에 실제로 그럴 것만 같았다. 오죽하면 저명한 일본계 미국 국제정치학자 프랜시스 후쿠야마Francis Fukuyama는 "냉전 이후 자유민주주의가 인류의 최종 정치 체제로 확립되었으며, 체제 간 이념적 경쟁은 종언을 맞이했다"라 말하며 《역사의 종언The end of History》을 주장하기까지 했을까?●[116]

이처럼 미국은 소련이 무너진 것과 같이 공산당 체제의 중국 역시도 민주화될 것으로 예상했다. 미국은 중국 역시도 경제를 개방하고, 경제가 더욱 성장할수록 민중들로부터 민주화 요구를

● 반면, 프랜시스 후쿠야마의 스승 새뮤얼 P. 헌팅턴Samuel P. Huntington은 《역사의 종언》 논지에 대해 비판적 입장을 취하며, 《문명의 충돌The Clash of Civilizations and the Remaking of World Order》(1996)이라는 그의 저서에서 "냉전이 끝났다고 세계가 하나로 통합되지 않는다. 오히려, 서로 다른 문명권이 부딪치며 새로운 갈등이 시작될 것이다"라는 주장을 제시했다.

공산당이 무시할 수 없을 거라 전제했다. 그런 전제로 미국은 중국과 전략적 경제 협력을 확대해 나갔고, 언젠간 민주화된 중국은 좋은 파트너가 될 것으로 예상했다. 하지만, 미국의 예상은 철저히 빗나갔다. 중국 경제는 급격한 성장을 이뤄 미국의 턱밑까지 따라왔다. 하지만 중국의 공산당 체제는 더욱 공고해졌으며, 중국의 국제 정치적 서사는 더욱더 공격적으로 변해갔다. 동시에, 미국의 국제수지 적자는 지속적으로 악화가 되었고, 미국 내 일자리 또한 없어지고 있었다. 더욱 충격이었던 것은 미국이 자랑하던 첨단산업 분야에서도 일자리가 없어지고 무역적자가 일어나고 있었다. 즉, 미국의 첨단산업 분야에서도 경쟁력 상실이 일어나고 있었다.

하이라이트는 바로 2008년 미국에서 발생한 금융위기였다. 1930년대 세계 대공황에 비견될 만한 충격이, 초강대국으로 군림하던 미국을 휘청이게 했다. 그 이후 미국과 국제 질서의 모습은, 1990년대 당시 자유주의적 세계질서를 기대했던 미국 내 국제정치학자, 경제학자, 정치인들의 예상과는 다른 방향으로 흘러갔다. 미국은 여전히 세계 최강대국이지만, 이제는 공산당 체제의 중국과 여러 관점에서 치열하게 경쟁하고 있다. 이 새로운 경쟁 구도는 작게는 무역 분쟁이라고도 하고, 좀 더 거시적으로는 글로벌 패권 경쟁이라고 하기도 한다. 어떤 관점으로 두 국가의 경쟁 관계를 바라보든, 핵심은 기술 패권 경쟁이라고 할 수 있다.

기술은 군사력, 경제력, 정보력 등 국가 역량의 핵심을 이루며, 글로벌 패권 경쟁에서 기술을 선점하지 않고서는 승기를 잡을 수 없다. 요란스럽게 보이기만 하는 무역 분쟁 그 이면엔 기술 주도권을 향한 경쟁이 작동하고 있다. 미·중 간 무역 제재는 단순히 가격이나 관세의 문제가 아니다. 관세나 수출 제한은 기술 그 자체를 겨냥하지 않지만, 제조업 생태계나 시장 기반을 흔듦으로써 기술 성장 경로에 구조적 압력을 가하는 전략적 수단이 된다. 이는 곧 두 국가 간 갈등의 핵심은 '무역'이 아니라 '기술'이라는 사실을 보여준다. 오늘날 이를 일러 '미·중 기술 패권 경쟁'이라 불린다.

그렇다면 미국과 중국은 어쩌다 기술 패권 경쟁을 하는 것인가? 결론적으로 미국과 중국 간 펼치고 있는 무역전쟁과 기술 패권 경쟁은 양국의 전략적 경제 협업 모델이 가진 구조적 모순의 결과라 볼 수 있다. 여기서 이야기하는 전략적 경제 협업 모델은 바로 'R&D는 미국에서 제조는 중국'에서 담당하는 산업 전략을 뜻한다. 미국의 경우 1980년대 미·중 전략적 경제 협업을 통해 중국의 값싼 공산품을 수입함으로써 천정부지로 높아져 있던 물가를 잡을 수 있었다. 또한 수익성 악화에 시달리고 있던 미국 제조 기업들은 임금이 낮은 중국에 제조 공장을 이전함으로써 회사의 수익성을 획기적으로 개선할 수 있었다. 이 산업 전략은, '중국이 경제를 개방하고 성장할수록 정치 체제도 민주화될 것'이라는 낙관적 전망 아래 더욱 가속화되었다. 그 결과 1990년대 미국 경제는 유례없는 호황을 맞이하게 된다. 하지만 당시 성공적이었던 미국의 R&D와 제조를 분리한 산업 전략은 미국의 자충수가 되어 돌아온다.

제조 기능과 R&D 기능이 국가 단위로 분리되자, R&D 담당자와 제조 담당자 간 실시간 피드백과 암묵적 지식 교류가 단절되었고, 이로 인해 기업들은 R&D 기능마저 제조 기능이 있는 중국 등 아시아로 옮길 수밖에 없었다. 결과적으로 미국은 가전제품, 배터리, 반도체, 태양전지 등 핵심 산업에서 기술 혁신의 중심을 아시아에 넘겨주었고, 이는 고용 감소, 무역적자 확대, 첨단산업 기반 약화라는 경제 전반의 위기로 이어졌다. "미국 제조업 경쟁력의 구조적 약화가, 미국 경제의 고용·무역·산업 전반에 걸친 위기를 불러왔다"라는 주장에 힘이 실리기 시작했다. 제조 기능과 R&D 기능이 함께 공존하는 산업 공유지 유지야말로 국가 경쟁력의 토대가 된다는 사실을 미국은 2008년 금융위기가 터지고 난 이후에 깨닫는다.

그 결과 오바마 행정부는 해외로 이전된 제조업을 다시 국내로 복귀시키는 '리쇼어링Reshoring' 전략을 내세웠고, 트럼프 행정부는 자국 산업 보호를 명분으로 외국산 제품에 관세를 부과하는 '보호무역 정책'을 강화했으며, 바이든 행정부는 반도체, 전기차, 배터리 등 전략 산업의 국내 생산을 지원하는 '반도체 과학법The

CHIPS and Science Act'과 '인플레이션 감축법IRA'을 시행했다. 서로 다른 행정부에서 형태와 방식은 달랐을지라도, 미국 땅에 제조공장을 다시 불러드리는 공통된 전략 목표는 지속 계승되었다.

동시에 이들 정책은 단순한 산업 진흥책이 아니다. 'R&D는 미국, 생산은 중국'으로 대표되던 협력 구도는 깨지고, 이제는 기술 주권과 전략 자립을 두고 양국 간 본격적인 경쟁에 돌입했음을 뜻한다. 미국의 제조 기능을 미국으로 다시 불러들이는 것은, 세계의 공장임을 자처한 중국의 제조 기능 상실과 중국 내 일자리 감소를 뜻하는 것이며, 중국의 제조 기능 상실은 중국 제조 산업 생태계 쇠퇴로 이어지고, 중국 제조 산업 생태계 쇠퇴는 중국의 첨단산업 경쟁력 상실로 이어지는 연쇄 효과를 일으킬 수 있는 것이다. 물론 이 과정에서 미국의 제조업 복원 정책은 일본, 한국, 유럽 등 다른 생산 거점 국가들에도 영향을 미친다. 하지만 세계 제조업 공급망에서 중국이 차지하는 압도적 비중, 미국의 대중국 무역적자의 규모, '중국 제조 2025'를 통해 기술 굴기를 본격화한 중국 정부의 전략을 고려할 때, 이들 정책은 중국을 주요 견제 대상으로 삼고 있는 측면이 크다.

중국의 경우 1980년대부터 미국의 자본을 유치해 공장을 세우고, 낮은 임금을 바탕으로 부가가치가 낮은 제품을 대량생산해 전 세계에 수출했다. 그 결과 중국은 빠른 경제 성장을 이뤘고, 절대 빈곤 문제를 해소했으며, 세계 2위 경제 대국으로 올라섰다.

그러나 자본과 인력을 투입하는 방식만으로는 더는 과거 같은 성장을 기대할 수 없었다. 내수 시장은 여전히 미국, 일본, 독일 등 선진국에 비해 미흡했고, 경제 양극화도 심해지고 있었다. 특히 2008년 글로벌 금융위기를 계기로, 중국은 수출 중심 성장 전략의 한계를 자각하게 된다. 이후 중국은 '중진국 함정'을 넘어서기 위한 새로운 전략을 모색한다. 내수 활성화를 위해 서비스업을 육성하고, 고부가가치 산업으로 전환하기 위해 첨단 제조업 중심의 '중국제조 2025' 전략을 추진했다. 중국이 직접 첨단 기술 제품을 생산하고 자국 내에서 소비하거나 수출하기 시작하자, 이는 기존에 해당 제품을 중국에 수출하던 미국 등 선진국에 분명한 경제적 위협으로 다가올 수 있다.

더욱이 중국 관점에서 양극화 해소와 질적인 경제 성장 달성은 단순한 경제 과제를 넘어, 체제 안정과 안보 유지와도 직결된 문제다. 중국 공산당은 '하나의 중국'을 핵심 통치 원칙으로 삼고 있으며, 이 통치의 정당성은 경제 성장과 국민 생활 수준 향상이라는 성과에 기반해 유지되었다. 이러한 구조 위에서 시진핑 주석은 '중국몽中國夢'이라는 국가 비전을 제시했다. 이는 경제 성장을 통해 국가를 통합하고, 궁극적으로 중화민족의 부흥을 이루겠다는 정치적 구상이다. 만약 중국이 성장에 실패하고 양극화가 심해진다면, 이는 곧 공산당 통치 정당성과 중국몽 실현 기반을 흔드는 일이 된다. 따라서 중국은 '중진국 함정'을 넘어서기 위해

서비스업과 내수를 키우고, '중국제조 2025'를 통해 첨단 제조업 기반의 기술 자립을 반드시 달성해야 하는 상황에 놓여 있다.

결론적으로, 40여 년간 이어진 미·중 경제 협력은 겉으로는 상호 보완처럼 보였지만, 그 이면에는 서로의 기술 기반을 잠식하는 구조적 모순이 내포되어 있었다. 양국은 이해관계가 맞아떨어지며 'R&D는 미국, 제조는 중국'의 분업 구조를 구축했다. 하지만 시간이 흐르며 드러난 것은, 제조업 생태계가 단순한 생산 공간이 아니라 기술 혁신이 축적되는 핵심 기반이라는 사실이었다. 제조 기능을 잃은 미국은 산업 혁신 역량을 잃고, 제조를 품은 중국은 기술 자립으로 나아갔다. 결국 이 협력은 '그땐 맞고 지금은 틀린', 상생이 아닌 상극으로 귀결된 선택이었다.

미국의 전략 무기, 반도체 공급망

크리스 밀러는 미국과 중국 간의 전략 경쟁이 결국 '컴퓨팅 파워 Computing Power'의 우위에서 결정되리라고 본다. 그는 자율주행차, 머신러닝 같은 민간 기술부터 군사용 드론, 미사일 등 군사 기술에 이르기까지, 현대의 첨단 기술 대부분이 반도체에 기반하고 있다는 사실을 양국 전략가들 모두 잘 알고 있다고 지적한다.[117]

반도체는 다른 산업의 발전을 견인하는 핵심 범용 기술이다. 반도체는 전자 신호를 정밀하게 제어해 계산을 수행하며, 연산 속도가 높아질수록 더 많은 문제를 빠르게 풀 수 있게 된다. 여기에 통신 기술까지 발전하면서 반도체는 이제 거의 모든 산업과 기술, 경제 전반에 적용되고 있다. 특히 인공지능이 주도하는 4차 산업혁명 시대, 반도체는 초연결·초융합·초지능화를 가능케 하는 핵심 기반으로 부상했다. 그렇기에 미국은 중국의 첨단산업 굴기를 억제하기 위해 가장 전략적인 타깃으로 반도체 산업을 겨냥할 수밖에 없다.

미국은 반도체 산업 초기부터 R&D와 설계 분야를 주도해 왔고, 미국(R&D)-유럽(장비)-일본(소재 및 부품)-대만(비메모리)-한국(메모리)으로 이어지는 글로벌 반도체 공급망을 구축해 왔다. 이 공급망은 단순히 반도체를 저렴하게 대량생산하기 위한 구조가 아니다. 미국 중심의 반도체 공급망은 경제와 안보를 함께 아우르는 전략적 네트워크로, 유럽과 동북아시아 동맹국들을 긴밀하게 연결하는 체계로 기능한다. 미국은 이러한 반도체의 범용성과 제조 생태계의 전략적 가치를 명확히 인식하고 있다. 이에 따라 '반도체 지원법CHIPS and Science Act' 등 법안을 통해 자국 내 반도체 생산을 적극적으로 유도하고 있으며, 동시에 동맹국들이 중국에 첨단 반도체 기술을 수출하거나 투자하는 것을 제한하고 있다. 그뿐만 아니라, 미국, 한국, 일본, 대만의 칩4Chip 4를 비롯한 다양한 협약을 통해 주요 동맹국들과 반도체 기술 협력을 강화하며, 중국을 배제한 미국-동맹국 중심의 안정적인 공급망 체계를 구축해 나가고 있다.

이런 미국의 반도체를 중심으로 한 글로벌 공급망 재편 정책은 중국의 제조 기반, 고용, 산업 경쟁력에 직·간접적 타격을 주는 동시에, 중국은 전략적 고립이라는 현실적 위기에 직면할 수 있다. 결과적으로, 경제성과에 의존해 온 '하나의 중국'이라는 정치적 안정성과 '중국몽'이라는 국가 비전의 실현 가능성에도 치명적인 영향을 미칠 수 있다.

중국의 전략적 카운터, 양자컴퓨터?

중국은 '중국 제조 2025'를 통해 첨단 반도체 산업을 육성하려고 노력하고 있다. 동시에 '반도체 굴기'를 외치며 2030년까지 반도체 산업에 1500억 달러(약 200조 원) 투자를 계획하며 반도체 산업 내 다양한 영역의 발전을 도모하고자 한다.[118] 하지만 베이징의 전략가들은 분명히 알고 있을 것이다. 반도체 기술은 미국이 주도해 왔으며, 반도체 공급망 역시 미국과 동맹국들에 의해 탄탄히 구축되어 있다는 사실을. 그렇기에 중국은 어설픈 반도체 기술 추격이 오히려 소련과 같은 몰락을 초래할 수 있음을 경계한다.[119] 중국의 전략가들은 과학적 사고에 능하고 냉철하다. 승산이 희박한 싸움에만 매달릴 수는 없다. 중국 역시 미국의 전략적 무기인 반도체 공급망을 상대할 수 있는 새로운 전략적 무기가 필요하며, 그 대안으로 양자컴퓨터에 주목하고 있는지 모른다.

양자컴퓨터는 미국이 70여 년간 발전시켜 온 반도체 기술과는 전혀 다른 기술 패러다임에 기반한, 상위 차원의 계산 기술로 볼 수 있다. 물론 초전도체 기반 양자컴퓨터 등 일부 구현 방식은 여전히 반도체 제조 공정과 일정 부분 연관되어 있다. 그러나 양자컴퓨터는 트랜지스터 기반 디지털 컴퓨터의 단순 연장이 아니라, 완전히 새로운 정보 처리 체계를 지향하는 만큼, 중국이 반도체 추격전이 아닌 차세대 기술 혁신에 집중할 타당한 이유가 된다. 따라서 중국은 세계에서 가장 많은 국가 단위 양자컴퓨터 투자를 계획하고, 양자 기술 특허를 선도적으로 취득해 나가고 있는 것으로 보인다.

글로벌 컨설팅사 맥킨지McKinsey의 연례 보고서인 《양자기술 모니터》에 따르면, 중국은 2023년 기준 약 150억 달러(약 21조 원) 규모의 양자 기술 투자를 계획 중이며, 이는 전 세계 공공 양자 기술 투자 규모의 50% 이상을 차지하는 최대 규모다.[120] 미국은 민간 기업 주도 투자가 중심이기 때문에, 공공 부문 양자 기술 투자만을 비교하면 중국이 압도적이다. 특허 부문에서는 여전히 미국이 가장 많은 양자 기술 특허를 보유하고 있다. 그러나 중국도 빠른 속도로 양자 기술 특허 출원을 늘리고 있으며, 2023년 기준 전 세계 양자 기술 특허 출원의 29%를 차지했다.[121] 이 수치는 미국과의 차이를 불과 1.5%밖에 차이가 안 난다. 특히 주목할 점은 양자컴퓨터 특허 출원 수에서는 중국이 미국을 앞질렀다는 점이다. 또한 중국은 양자 기술 전문 인력 풀 규모에서 인도에 이어 세계 2위를 기록하고 있으며, 양자 기술 관련 논문 발표 수는 세계에서 가장 많다.[122] 물론 양Quantity뿐 아니라 질Quality 측면에서 세밀한 평가가 필요하지만, 중국이 양적 성장을 통한 주도권 확보를 명확한 전략으로 삼고 있다는 점은 분명해 보인다.

물론 상용화된 양자컴퓨터 기술 개발은 극히 어렵다. 그러나 중국은 이미 전기차, 배터리, 태양광 등 여러 분야에서 다음 세대 기술에 선제 투자해 글로벌 산업 주도권을 확보한 경험이 있다. 예를 들어, 자동차 엔진 기술은 독일, 미국, 일본 등 선진국이 100여 년 이상 축적해 온 분야였다. 이들의 오랜 기술적 장벽은 쉽게 넘을 수 없어 보였지만, 중국은 2001년 자국 자동차 산업 생존을 위해 상대적으로 주목받지 않았던 전기차에 선제 투자하기 시작했다. 결국 중국은 전기차와 그 핵심 부품인 글로벌 전기 배터리 시장을 선도적으로 장악하는 데 성공했다. 이처럼 기존 강대국들이 축적해 온 기술 장벽을 우회하며 신산업의 리더로 부상한 전략은, 오늘날 중국이 양자컴퓨터에 집중적으로 투자하는 논리와 맥을 같이한다. 이는 중국이 반도체 전면전 대신 새로운 기술 패러다임 속에서 전세 역전의 실마리를 찾고 있음을 보여주는 사례일지도 모른다.

전기차, 배터리 등 산업에서 중국이 거둔 성공의 요인은 여러 가지겠지만, 중요한 것은 특정 첨단산업 분야에서 기술 발전의 시작점과 발전도가 동일선상에 있다면, 중국은 충분히 선진국을 넘어설 수 있는 역량을 지녔다는 점이다. 더욱이 첨단 기술 발전을 위한 중국의 인프라 환경은 과거와는 비교할 수 없을 정도로 향상되었으며, 여전히 빠르게 개선되고 있다. 그 결과 선진국이 기술적으로 앞선 영역에서도 중국은 독자적인 기술 생태계를 구축하고 있으며, 독립적 기술 발전을 이루고 있다. 이러한 흐름을 보여주는 대표적인 사례가 바로 (고전 컴퓨터 기반) 인공지능 분야다. 미국의 기술 제재에도 불구하고, 중국 인공지능 기업 딥시크^{DeepSeek}는 미국 챗지피티 등과 견줄 만한 수준의 기술을, 더 낮은 개발 비용과 적은 자원 투입만으로 구현해 냈다. 이러한 일련의 흐름을 종합해 볼 때, 중국이 미국의 반도체 패권을 직접 넘어서는 것은 어려울지라도, 양자컴퓨터라는 차세대 기술 영역에서는 선점에 성공할 가능성도 결코 배제할 수 없다. 만일 중국이 미국보다 먼저 양자컴퓨터 기술을 산업적으로 태동시키고 상용화에 성공한다면, 이는 미·중 기술 패권 경쟁 구도에 중대한 변곡점을 만들어낼 수 있다.

대전환 시대의 행방

과연 양자컴퓨터는 미국에 대항하는 중국의 전략적 카운터가 될 수 있을까? 미국은 반도체 기술 패권을 지키는 동시에, 중국의 양자굴기를 어떻게 견제할 것인가? 만약 양자컴퓨터 기술이 인공지능을 완성하는 기술이라면, 또 양자컴퓨터 기술과 제조업 생태계가 서로의 성장을 촉진하는 공생적 관계라면, 기술 패권 경쟁에서 제조업의 전략적 의미는 더욱 중요해질 것이다. 이 과정에서 미국은 글로벌 공급망 재편을 가속화하고, 중국은 첨단 기술 자립을 더욱 서두를 것이다. 그 결과, 양국의 의중이 어떻게 되었든, 세계 경제와 산업 구조는 점점 더 고립과 보호주의의 흐름 속으로 빠져들 것이다. 이처럼 기술 패권 경쟁이 심화하면서, 그 여파는 기술의 경계를 넘어 경제, 사회, 국제 질서 전반으로 확산할 것이다. 공급망 재편과 산업 구조 변화는 무역과 금융의 흐름을 흔들고, 경제적 긴장과 구조적 변동을 초래할 가능성을 품고 있다.

더욱이, 두 국가 간 국력이 교차할 수 있는 이 시점에서 세계는 예측할 수 없는 불안정성과 마주할 수 있다. 존스 홉킨스 폴 니츠 고등국제대학원SAIS 찰스 도란Charles Doran 교수가 제시한 '힘의 주기 교차 이론Power Cycle Theory'에 따르면, 패권 경쟁을 벌이는 국가들이 국력의 성장세를 잃거나 하락세에 접어들 때, 국제 질서의 불안정성은 급격히 증폭된다. 예를 들어, 패권국이 쇠퇴의 조짐을 보이기 시작할 때, 혹은 도전국이 기대만큼의 성장 속도를 지속하지 못하고 성장 둔화 전환점에 도달할 때마다, 예측할 수 없는 위험이 발생한다. 도란 교수가 정의하는 위험은 기존 사회과학 이론들이 가정하는 합리적 예측 가능성의 범주를 넘어서는, 인식 불가능하고 통제하기 어려운 위험을 의미한다. 그는 이러한 전환점을 지날 때, 전쟁, 체제 붕괴 등 예상치 못한 급격한 국제 질서가 변하는 역사가 일어났음을 지적했다. 여기에 기후변화, 에너지 위기 같은 전 지구적 과제들이 복합적으로 얽히면서, 세계는 변동성Volatility, 불확실성Uncertainty, 복잡성Complexity, 모호성Ambiguity이라는 VUCA 환경 속으로 깊숙이 진입하고 있다. VUCA는 이제 일시적 현상이 아니라, 시대를 규정하는 뉴노멀new normal이 되어가고 있다. 지금 우리가 마주한 대전환Great Transformation은 단순한 산업 세대교체가 아닐 수 있다. 이는 기술, 경제, 안보, 인간 사회, 자연환경까지 서로 복합적으로 깊게 얽힌 변동의 시작일지도 모른다. 인공지능 4차 산업혁명의 도래, 인공지능을 완성할 양자컴퓨터 기술의 태동, 그 가운데 펼쳐지는 미·중 기술 패권 경쟁, 자연환경 변화 등이 함께 얽힌 대전환의 시대, 그 행방은 아직 묘연하기만 하다.

"양자컴퓨터는 과연 정말로 상용 개발이 될 수 있을까?", 그리고 "상용화된 양자 인공지능은 우리가 VUCA 시대를 헤쳐 나갈 수 있는 새로운 등불이 될 수 있을까?", 아니면 "원자폭탄과 반도체 기술처럼 또 하나의 질서 전환을 이끄는 전략적 무기가 될 것인가?", "이런 변화는 우리에게 어떤 영향을 미칠까?"

한국 AI 산업 발전에 대한 단상, AI - 양자 - 제조업

오늘날 AI 발전을 논할 때 GPU 확보와 데이터센터 건설이 핵심 과제로 꼽힌다. 하지만 장기적으로 AI의 성능을 결정짓는 계산 인프라에는 양자컴퓨터도 함께 고려될 필요가 있다. 한국의 경우 정부, 학계, 기업 차원에서 양자컴퓨터에 대한 투자가 아직 충분하지 않은 듯하다. 주변 선진국과 비교했을 때 관심의 무게가 상대적으로 덜한 것도 사실이다.

양자컴퓨터는 불확실성이 큰 기술이다. 언제 성과가 나올지, 어떤 하드웨어 방식이 주도권을 잡을지는 아직 알 수 없다. 그렇기에 오히려 정부 차원의 장기적이고 꾸준한 지원이 필요하다. 민간 기업만으로는 감당하기 어려운 영역이기도 하다. 한편 제조업은 여전히 한국 산업의 근간이다. 가격 경쟁력에서 중국에 밀리고 있다는 시각도 있지만, 제조업은 여전히 혁신의 원천이자 국가 경제의 토대다. 그렇기에 한국은 제조업을 쉽게 포기할 수는 없다. 고부가가치 제조업은 반도체와 양자컴퓨터가 융합된 AI 계산 자원과 함께 새로운 기회를 만들 수 있다. 또한, 양자컴퓨터가 발전하는 과정 역시 제조업 생태계의 뒷받침이 필요하다.

돌아보면 한국의 경제 발전에는 운이 작지 않았다. 냉전 시기 미국의 전략적 지원과 글로벌 공급망 구축 속에서 성장할 기회를 얻었고, 반도체 공급망에서도 일정한 역할을 맡을 수 있었다. 당시 중국은 오랫동안 세상의 문을 닫고 있었고, 일본은 1985년 플라자 합의 이후 성장 둔화에 들어가면서 한국이 비교적 유리한 자리를 차지할 수 있었다. 그러나 지금은 상황이 다르다. 이미 체감되는 분위기는 중국이 모든 부분에서 압도할 것이라는 기대가 누구에게나 퍼져 있으며, 미국은 글로벌 공급망을 재편하는 과정에 있다. 그리고 제조업은 이런 변화 속에서 다시 국가 전략의 중심에 서 있다.

AI – 양자컴퓨터 – 제조업을 아우르는 산업 구조의 재편은 민간만으로는 감당하기 어려운 큰 과제다. 양자컴퓨터는 리스크가 큰 만큼, 반도체 기반 AI 기술과 보조를 이루며 단계적으로 발전해야 하고, 제조업 생태계 속에서 고도화를 거치며 비로소 실질적 가치를 만들어낼 수 있다. 더 나아가 AI, 제조업, 양자컴퓨터는 모두 한 국가의 중요한 전략 자산이다. 세계 질서가 불확실하게 움직이는 지금, 비록 자원이 부족하고 기술이 완전하지 않더라도 자체적인 전략 자산을 갖추는 것은 의미 있는 일일 것이다.

그것은 변화 속에서 스스로를 지켜내는 무기이자, 동시에 불확실성에 유연하게 대응할 수 있는 자산이 될 수 있다.

과거 한국은 '한강의 기적' 시기 선진국 성장 모델을 시대에 맞춰 잘 따라가며 성장할 수 있었지만, 이제는 다른 차원의 도전에 직면해 있다. 결국 이 도전은 한국 사회가 함께 풀어가야 할 질문이 과제라 생각한다.

에필로그

미래는 예측이 아닌, 창조해 나가는 것이다

과학 이야기지만, 과학 이야기만은 아니다. 양자역학을 이야기했지만, 양자역학 이야기만은 아니다. 양자역학이라는 과학 패러다임이 탄생한 이후, 인식과 철학 담론, 기술과 산업, 국제 질서까지 함께 변화해 온 이야기다. 양자역학과 그와 관련된 변화의 이야기는 꽤 매력적이다. 이처럼 신비하면서도 헤아릴 수 없이 미묘한 양자 이야기의 매력은 과연 어디서 오는 것일까?

우선 양자역학의 모습은 정말 그 자체로 신비하다. 과학이지만 우리가 기존에 알던 과학과 다른 그 모습에 매료된다. 과학자 및 과학 커뮤니케이터들이 설명해 주는 양자역학 이야기는 이해될 것 같으면서도 쉽게 이해되지 않는다. 하지만 이해가 되지 않고 어렵더라도, 빠져든다. 양자 과학과 멀어지지 않는다. 오히려 더 알고 싶고 다가가고 싶다. 이어서 양자역학 패러다임이 수립되는 과정에서 세기의 천재 과학자들이 치열하게 나눈 토론은 거대한 존재론적 철학 서사와도 같다. 이에 영향을 받아 양자역학 세계관을 차용한 종교, 철학, 사회과학은 새로운 담론을 생성한다. 이 담론들은 색다른 풍미를 풍기며 새로운 가능성을 이야기한다. 비록 양자컴퓨터 기술이 '신의 기술'이라 불릴 만큼 다가가기 어렵더라도, 그 원리와 위력은 놀랍고 그것이 만들어낼 변화의 가능성은 끝이 없어 보인다. 이와 같은 면들이 종합되어 양자역학 이야기는 현묘한 매력으로 재탄생한다.

또한 양자역학 이론적 기반으로 탄생한 과학 기술들은, 이미 인간 사회에 실질적인 영향을 미쳤으며, 앞으로도 그럴 가능성이 충분하다. 이러한 기술들은 산업 문명의 패러다임을 바꾸어놓았고, 나아가 새로운 국제 질서 형성에도 결정적인 역할을 해왔다. 일례로 원자폭탄이 그러했고, 반도체 기술도 마찬가지였다. 이제 산업혁명의 흐름이 다시 전환점을 맞이하고 있다. 고전 컴퓨터와 함께 인공지능을 발전시킬 양자컴퓨터 역시, 앞선 기술들처럼 산업과 질서를 바꾸는 또 하나의 전환점이 될 수 있다. 그리고 지금 산업 패러다임의 변화 속에서 미국과 중국은 기술 패권을 두고 경쟁 중이며, 그 흐름은 동북아시아 국가들의 지정학적 서사와 깊이 맞물려 있기도 하다. 결국 이 모든 흐름은 '변화'의 이야기다. 양자역학이라는 새로운 패러다임이 등장한 이후, 세계가 어떻게 바뀌었는가. 바로 이 점이 우리가 따라가 본 여정의 핵심이었다.

 인공지능이 상징하는 4차 산업혁명 변화 속에서, 미래에 대한 여러 질문과 예측이 쏟아지고 있다. 인공지능이 대체할 직업은 무엇일지, 인간이 할 수 있는 일은 무엇인지 예측한다. 또 누군가는 인간이 앞으로 노동으로부터 완전히 해방되리라 전망하기도 한다. 인공지능 기술과 양자컴퓨터가 함께 발전하는 과정에서 이런 예측은 앞으로 더욱 다양해질 것이다. 그러나 어디까지나 그럴듯한 가설적 예상일 뿐, 미래는 사실 알 수 없다.
 변화는 언제나 예측이 아닌 실행에 따른 구현에서 비롯된다. 무언가의 필요성을 믿고, 그 가능성을 그리며, 그리고 끝내 그 믿음을 현실로 옮긴 사람들이 미래를 만들었다. 합리성과 논리로만 무장한 전문가들은 늘 변화가 일어난 뒤에야 이유를 설명할 뿐, 실제로 길을 여는 것은 선구자들이다. 양자역학의 탄생도 그러하다. 양자역학이 등장하기 전, 양자 세계는 고전역학 틀로는 상상조차 할 수 없는 영역이었다. 하지만 과학자들의 도발적 상상과 우연한 착상은 곧 믿음이 되었고, 그 믿음은 집요한 실험과 실행으로 이어졌다. 그 결과 마침내 양자역학이라는 새로운 시대의 문이 열렸다.
 앞으로의 변화도 다르지 않을 것이다. 인공지능과 양자컴퓨터의 고도화는 이제 시작이다. 그 최종적인 모습과 쓰임, 그리고 세상에 미칠 파급력은 그 누구도 알 수 없다. 그렇기에 중요한 것은 정답을 맞히는 일이 아니다. 더 나은 질문을 던지고, 더 좋은 상상을 하는 것이다. 그리고 상상하는 그 미래를 현실에 구현하는 일이다. 상상은 단순한 공상이 아니다. 믿음은 길을 만들고, 상상은 그 가능성을 연다. 그 믿음을 현실로 옮긴 사람들이 미래를 창조한다. 물론 다가올 변화 속에는 예측할 수 없는 충격도 있을 것이다. 창조적 파괴란 말처럼, 새로운 패러다임은 언제나 기존 질서를 흔들고 또 다른 가능성을 연다. 미국과 중국 간 기술 패권 경쟁은 이러한 변화의 연장선에서 불가피하게 맞물려 있다고 볼 수 있다.

나의 양자 세계 이야기가 독자에게 어떻게 다가갈지는 모르겠다. 다만 이 책이 독자에게 다가올 변화를 맞이하는 데 필요한 질문과 새로운 상상을 북돋우는 불씨가 되기를 바란다. 상상은 능력이고, 그 상상을 구현하는 것은 실력이다.

"미래는 예측할 수 없지만, 만들어갈 수는 있다 The future cannot be predicted, but futures can be invented."

― 데니스 가보르(Dennis Gabor, 1971 노벨 물리학상 수상자) ―

감사의 글

이 책의 집필은 제게 특별한 의미의 여정이자, 적잖은 시간이 담긴 과정이었습니다. 이 여정은 제게 다가올 미래를 연결할 기회를 열어주었고, 무엇보다 온전한 몰입과 창조성을 경험하게 해주었습니다. 집필을 결심한 이후 출간까지 2년이 넘는 세월이 흘렀습니다. 원래 1년을 목표로 했지만, 생각보다 더 많은 시간이 필요했습니다. 출판의 길목에서 때로 어려움이 있었지만, 괴로움은 없었습니다. 감사와 충만함으로 채워진 나날이었습니다. 인생의 한 변곡점에서 도움을 주신 여러 분들 덕분에 이 여정을 무사히 완주할 수 있었습니다.

오픈스카이OPENSKY 윤상일 대표님과 MSPI 황태영 대표님, 출판 에이전시 '책과 강연'의 이정훈 대표님과 김태한 대표님께 진심으로 감사합니다. 배려와 조언, 지원이 없었다면 이 책은 결코 좋은 결과로 이어지지 못했을 것입니다.

또한 제 책의 가치를 믿고 함께해 주신 행성B 출판사 임태주 대표님과 이윤희 편집장님께 깊이 감사합니다. 세세한 문장 하나까지 정성스럽게 다듬어주신 조세진 편집자님께도 감사의 마음을 전합니다.

제 삶의 뿌리이자 영감의 근원인 부모님, 묵묵히 꿈을 향해 나아가는 동생 효림이에게도 고마운 마음을 전합니다. 무엇보다 새로운 도전의 길을 함께 걸어준 아내 정해에게 마음 깊이 사랑과 감사를 전합니다.

마지막으로 이 책을 읽어주신 독자분들께 감사드립니다. 이 책은 과학자가 아닌 한 사람의 탐구자가, 문과생의 시선으로 양자 세계를 이해해 보려 한 기록이기도 합니다. 과학적으로 완벽히 설명하지 못한 부분이나, 충분히 다듬지 못한 이해가 남아 있을지도 모릅니다. 이 책의 미흡한 부분이 있다면, 그것은 모두 저의 부족함 때문입니다. 부족함과 모름을 인정할 수 있는 용기와 함께 이 책을 선보입니다. 양자라는 창을 통해 과학과 인문, 그리고 사회가 함께 변화해 가는 세상을 독자와 생각해 보고 싶습니다. 이 마음이 전해졌으면 좋겠습니다.

이동우

| 부록 |

기본 물리량 개념 알아두기, F=ma부터 에너지까지

부록에서는 물리량으로서 '에너지'가 무엇인지, 힘·운동량·일 같은 기본 물리 공식과 함께 살펴보고자 한다. F=ma 같은 공식은 학창 시절 누구나 한 번쯤 접해본 내용이다. 반드시 읽어야 하는 부분은 아니지만, 에너지 개념을 정리하고 나서 양자역학의 '에너지 단위화'를 다시 본다면, 이해가 한층 수월해질 수 있다. 다음은 기본 물리 공식들을 간단하게 요약한 것이다. 복잡한 수학적 계산보다는 개념과 관계를 다시 떠올리며 읽으면 충분하다.

힘Force — 변화를 만드는 원인

힘은 물체의 운동 상태를 바꾸는 원인이다. 정지한 트럭을 움직이려면 외부에서 '움직이는 힘'이 가해져야 한다. 물리학적으로는 $F = m \times a$(질량 × 가속도)로 표현된다.

운동량 Momentum — 변화를 보여주는 크기

힘이 작용하면 트럭은 가속도를 얻고, 그 결과 속도가 달라진다. 속도의 변화는 곧 운동량의 변화를 뜻한다. 운동량은 $p = m \times v$(질량×속도)로 나타난다. 달리는 트럭이 자전거보다 훨씬 멈추기 어려운 이유가 바로 운동량이 크기 때문이다.

일 Work — 힘이 남긴 변화의 결과

힘이 거리를 따라 작용하면 일이 된다. 정지한 트럭을 밀어 차고 밖으로 꺼낸다면, 힘이 작용한 거리만큼 일이 발생한 것이다. 물리적으로는 $W = F \times s$(힘×이동 거리)로 표현된다. 한마디로, 힘은 변화의 원인이고, 일은 그 결과다.

일률 Power — 일이 일어나는 속도

같은 무게의 트럭을 같은 거리만큼 밀어냈다고 해도, 그것을 얼마나 빨리 해냈는가에 따라 차이가 생긴다. 천천히 밀어낸 경우보다 짧은 시간에 몰아서 밀어낸 경우가 더 큰 일률을 낸 것이다. 일률은 $P = W \div t$(일÷시간)으로 정의된다.

운동에너지 Kinetic Energy — 일을 할 수 있는 능력

정지한 트럭을 밀면 힘이 작용하여 속도가 변하고, 이제 달리는 트럭은 다른 물체를 밀어내거나 부딪혀 변화를 일으킬 수 있는 능력, 곧 운동에너지를 가진다. 그리고 힘이 이동 거리를 따라 작용한 결과가 곧 일이 된다. 운동에너지는 $E_k = \frac{1}{2} m \times v^2$(질량 × 속도의 제곱)로 계산된다.

운동에너지는 쉽게 말해 물체가 앞으로 '일'을 할 수 있는 능력을 뜻한다. 물체의 에너지가 줄어들었다면 그만큼 다른 곳에 일을 해준 것이고, 반대로 물체의 에너지가 늘어났다면 외부에서 그 물체에 일을 해준 것이다.

달리는 트럭을 다시 보자. 정지해 있을 때는 다른 물체에 변화를 줄 힘이 없다. 그러나 외부에서 힘을 가해 밀면 트럭은 운동량을 얻게 된다. 움직이는 트럭은 이제 앞에 있는 물체를 밀어내거나 부딪혀 충격을 가할 수 있는 능력이 생긴다. 그리고 움직이는 트럭이 물체를 밀어낸다. 이 물체는 트럭의 운동에너지를 받아 이동하게 되고, 물체는 그 결과 일을 하게 된다. 반대로, 트럭이 점점 느려져 멈추는 것은 마찰이나 충돌을 통해 자신의 운동에너지를 주변으로 넘겨주었기 때문이다. 이 과정에서 운동에너지는 열이나 소리 같은 다른 형태로 바뀌어 사라지지 않고 전환된다. 정리하면 에너지는 일을 할 수 있는 능력이고, 일은 물체가 가진 에너지의 변화량이다. 운동에너지는 이 두 개념을 가장 직관적으로 보여주는 사례다.

에너지는 형태를 바꾸어 나타난다. 운동에너지 외에도 위치에너지, 열에너지, 소리에너지 등 다양한 형태가 있다. 겉모습은 다르지만, 모두 일을 해낼 수 있는 능력이라는 공통점을 갖는다. 그리고 에너지는 형태를 바꾸어 나타나더라도 총량은 변하지 않는다. 이것이 에너지 보존 법칙이다. 예를 들어, 트럭이 멈추는 과정에서 운동에너지가 열에너지, 소리에너지로 전환되지만, 그 에너지 총량은 변하지 않는다.

고전역학은 에너지가 연속적으로 변하면서도 보존된다고 보았다. 속도를 조금만 바꿔도 운동에너지가 조금씩 달라지고, 공을 조금만 들어 올려도 위치에너지가 연속적으로 늘어난다. 하지만 미시 세계를 다루는 양자역학에서는 이야기가 달라진다. 에너지가 연속적이지 않고, 특정한 단위로만 존재한다는 사실이 드러난 것이다. 바로 이 차이가, 우리가 일상에서 당연하게 여기는 거시 세계와 양자 세계가 충돌하는 지점이었다.

주

1 아이뉴턴 편집부 엮음, 《누구나 이해할 수 있는 양자론》, 〈양자론을 이해하기 위한 두 가지 주요 항목〉, 14쪽, 아이뉴턴, 2020

2 채사장, 《지적 대화를 위한 넓고 얕은 지식 2, 현실편》, 웨일북, 2020

3 고중숙, 《문과생도 이해하는 $E=mc^2$》, 398쪽, 꿈꿀자유, 2017

4 고중숙, 앞의 책, 398쪽

5 Peter Cooper 외 3인, Quantum computing just might save the planet, Mckinsey Digital (2022); 맥킨지에 따르면 양자컴퓨터를 이용한 기후 기술은 2035년까지 연간 7기가톤(Gt)의 온실가스를 줄일 수 있다고 전망되는데, IPCC (Intergovernmental Panel on Climate Change, 기후변화에 관한 정부 간 협의체)의 기후 과학 종합보고서에 따르면 2019년 전 세계 국가들의 이산화탄소 배출량은 약 59~65기가톤이라 밝힘 [출처: World Wide Fund(WWF, 세계자연기금) 2022 기사]

6 박설민, "슈퍼컴 만능 부사수 '양자컴'이 온다", 《The AI(인공지능 전문 매체)》 (https://www.newstheai.com/com/com-1.html https://www.newstheai.com/news/articleList.html?sc_area=A&view_type=sm&sc_word=%EC%8A%88%ED%8D%BC%EC%BB%B4+%EB%A7%8C%EB%8A%A5+%EB%B6%80%EC%82%AC%EC%88%98+%EC%96%91%EC%9E%90%EC%BB%B4%EC%9D%B4+%EC%98%A8%EB%8B%A4), 2022년 11월 28일 기사

7 주재영, "양자컴, 기후 기술 시뮬레이션 탁월… 소비 에너지 슈퍼컴의 0.1%",

〈경향신문〉, 2023년 2월 8일 기사

8 프리초프 카프라, 이성범 옮김, 《현대 물리학과 동양사상》, 제1판 〈역자서문〉, 1979

9 Finn Aaserud, A Complementary Relationship: Niels Bohr and China, Niels Bohr Archive

10 김상욱, 《김상욱의 양자 공부》, 108쪽, 사이언스 북스, 2017

11 Robert E. Allison, Complementarity as a model for East-West integrative philosophy, Journal of Chinese Philosophy 25:4 (Dec 1998)

12 채사장, 《지적 대화를 위한 넓고 얕은 지식 2》, 웨일북, 2020

13 채사장, 앞의 책

14 채사장, 앞의 책

15 야마구치 슈, 김지영 옮김, 《독학은 어떻게 삶의 무기가 되는가》, 앳워크, 2019

16 《고등과학교과서 화학I》, 63쪽, 미래엔

17 금성 티칭백과, 원자의 크기

18 채드 오젤, 이덕환 옮김, 《우리집 강아지에게 양자역학 가르치기》, 58쪽, 21세기북스; 김상욱, 앞의 책, 52쪽

19 고중숙, 앞의 책, 381쪽

20 고중숙, 앞의 책, 382쪽

21 이순칠, 《퀀텀의 세계》, 39쪽, 해나무, 2023

22 이광조, 광쌤 클럽 물리, 흑체 복사 이론(막스 플랑크), Youtube Channel 광쌤; 한정훈, 《물질의 물리학》, 157~158쪽, 김영사, 2020

23 한정훈, 앞의 책, 158~159쪽

24 채드 오젤, 앞의 책, 43쪽, 21세기북스, 2009; 조앤 베이커, 배지은 옮김, 《일상적이지만 절대적인 양자역학 지식 50》, 20쪽, 반니, 2016

25 채드 오젤, 앞의 책, 44쪽; 조앤 베이커, 앞의 책, 19쪽
26 고중숙, 앞의 책, 229쪽, 285쪽
27 고중숙, 앞의 책, 230~238쪽
28 김상욱, 앞의 책, 64쪽
29 [사이언스N사피엔스] 입자파동 이중성, 동아사이언스, 2021
30 김갑진, 이번 생 마지막 양자역학 강의, 언더스탠딩Understanding: All the Knowledge in the World, 2023
31 김갑진, 이번 생 마지막 양자역학 강의, 언더스탠딩, 2023
32 권성준, [노벨상으로 만나는 물리학] 만취 상태에서 만든 박사 학위 논문, 노벨상을 받다? 1929년: 물질파, WORLDTODAY, 2021년 12월 16일 기사
33 토마스 S. 쿤, 김명자·홍성욱 옮김,《과학혁명의 구조》, 22쪽, 까치, 2013
34 토마스 S. 쿤, 앞의 책; 채사장, 앞의 책
35 짐 배것, 박병철 옮김,《퀀텀 리얼리티》, 2021
36 김갑진, 이번 생 마지막 양자역학 강의, 언더스탠딩, 2023
37 양자 중첩과 양자 얽힘, qubit.donghwi.dev/basic/2
38 양자 중첩과 양자 얽힘, qubit.donghwi.dev/basic/2
39 김상욱, 앞의 책, 46쪽
40 양자 중첩과 양자 얽힘, qubit.donghwi.dev/basic/2
41 요비노리 다쿠미, 이지호 옮김,《과학은 어렵지만 양자역학은 알고 싶어》, 75~79쪽, 한스미디어, 2022
42 요비노리 다쿠미, 앞의 책, 75~79쪽
43 고중숙, 앞의 책
44 조앤 베이커, 앞의 책, 85쪽
45 조앤 베이커, 앞의 책, 85쪽

46 마쓰우라 소, 전종훈 옮김, 《직감하는 양자역학》, 221쪽, 보누스, 2022
47 마쓰우라 소, 앞의 책, 221쪽
48 마쓰우라 소, 앞의 책, 223쪽
49 Eugene P. Wigner, Remarks on the Mind-body Question, *The Scientist Speculates*, Heinemann London, 1961
50 조앤 베이커, 앞의 책, 98쪽
51 김상욱, 앞의 책, 215쪽
52 김상욱, 앞의 책, 215쪽
53 조앤 베이커, 앞의 책, 98쪽
54 조앤 베이커, 앞의 책, 98쪽
55 김상욱, 앞의 책, 216쪽
56 조앤 베이커, 앞의 책, 96쪽 등 참조
57 김상욱, 앞의 책, 54쪽
58 이창영, 《기본 양자역학》, 29쪽, 북스힐, 2023
59 김상욱, 앞의 책, 88쪽
60 [사이언스N사피엔스] 하이젠베르크와 슈뢰딩거, 동아사이언스 (2022)
61 짐 베것, 앞의 책, 46쪽
62 [사이언스N사피엔스] 하이젠베르크와 슈뢰딩거, 동아사이언스 (2022)
63 이창영, 앞의 책, 33쪽
64 이창영, 앞의 책, 33쪽; 김상욱, 앞의 책, 97쪽
65 이창영, 앞의 책, 34쪽
66 마쓰우라 소, 앞의 책, 149쪽
67 김상욱, 앞의 책, 108쪽
68 김상욱, 앞의 책, 164쪽

69 김상욱, 앞의 책, 164쪽

70 A. EINSTEIN, B. PODOLSKY AND N. ROSEN, Can Quantum-Mechanical Description of Physical Reality Be Considered Complete?, *Physical Review* Vol.47, May 15 1935

71 N. Bohr, Can Quantum-Mechanical Description of Physical Reality Be Considered Complete?, *Physical Review* Vol.48, Oct 15 1935)

72 반도체학과 재학생이 알려주는 양자역학 입문, limht

73 김상욱, 앞의 책, 169쪽

74 Casey Tonkin, How quantum computers work, Informationage(ACS), Feb 2022; Benefits and Challenges for unleashing potential of quantum technologies-WS 02 2021, EuroDig

75 마쓰우라 소, 앞의 책, 239쪽

76 다케다 슌타로, 전종훈 옮김, 《처음 읽는 양자컴퓨터 이야기》, 91쪽, 플루토, 2021

77 다케다 슌타로, 앞의 책, 91쪽

78 김상욱, 앞의 책, 200쪽

79 김석준, 《양자컴퓨터의 이해》, 22쪽, 커뮤니케이션북스, 2021

80 다케다 슌타로, 앞의 책, 28쪽

81 다케다 슌타로, 앞의 책, 163쪽

82 이건한, 구글의 양자컴퓨터, 그리고 '양자우위', TECHWORLD, 2019년 11월 8일자

83 이건한, 앞의 글

84 다케다 슌타로, 앞의 책, 40쪽

85 다케다 슌타로, 앞의 책, 40쪽

86 미나토 유이치로, 이승훈 옮김, 《그림으로 배우는 양자컴퓨터》, 15쪽, 영진닷컴, 2021
87 정보통신산업진흥원, AI 데이터센터 혁신의 이면에 숨은 에너지 위기와 해결 방안, 2024년 9월 24일자
88 정보통신산업진흥원, 앞의 글, 2024년 9월 24일자
89 다케다 슌타로, 앞의 책, 29쪽
90 다케다 슌타로, 앞의 책, 137쪽
91 이민화, 주강진, 《디지털 트랜스폼에서 스마트 트랜스폼으로》, 33쪽, 창조경제연구회, 2019
92 이민화, 주강진, 앞의 책, 33쪽
93 이민화, 주강진, 앞의 책, 34쪽
94 이민화, 주강진, 앞의 책, 33쪽
95 이민화, 주강진, 앞의 책, 34쪽
96 이민화, 주강진, 앞의 책, 33쪽
97 이민화, 주강진, 앞의 책, 34쪽
98 이민화, 주강진, 앞의 책, 35쪽
99 Daniel Robinson, Building the bridge to the quantum future with bybrid systems, The Next Platform Feb 22 (2022)
100 우츠기 타케루, 권기태·김성훈 옮김, 《그림으로 이해하는 양자컴퓨터의 구조》, 32쪽, 성안당, 2020
101 다케다 슌타로, 앞의 책, 159쪽
102 다케다 슌타로, 앞의 책, 159쪽
103 Daniel Robinson, Building the bridge to the quantum future with bybrid systems, The Next Platform Feb 22(2022); 우츠기 타케루, 앞의 책, 32쪽;

ClassicQ, What does quantum computing men for AI? Google Tensorflow Quantum June 2rd(2022) 참조

104 Daniel Robinson, Building the bridge to the quantum future with bybrid systems, The Next Platform Feb 22 (2022); 우츠기 타케루, 앞의 책, 32쪽; ClassicQ, What does quantum computing men for AI? Google Tensorflow Quantum June 2rd(2022) 참조

105 권중현,《지금 당장 양자컴퓨터에 투자하라》, 132쪽, 애덤스미스, 2024

106 권중현, 앞의 책, 132쪽

107 삼정KPMG 경제연구원, 〈양자정보통신 ICT의 새로운 미래〉,《ISSUE MONITOR》제75호, 6쪽, 2018년 11월

108 김상욱, 앞의 책, 224쪽

109 데이비드 L. 챈들러, Shining brightly Vast amounts of solar energy radiate to the Earth constantly, but tapping that energy cost-effectively remains a challenge, MIT News Office, 2011년 10월 26일

110 이진원, 태양광 패널 활용도와 수명 대폭 개선해줄 혁신적 기술 잇달아 등장, ESG경제, 2024년 8월 19일

111 동아사이언스 2009년 4호, 광합성 고효율 비결은 양자 결맞음

112 동아사이언스 2009년 4호, 광합성 고효율 비결은 양자 결맞음

113 한음표 기자, UNIST, '식물광합성 전자 전달 방식 모방' 태양전지용 분자 설계 전략 제시, 〈기계신문〉, 2022년 2월 27일자

114 에드 칼슨, Quantum Computing Stocks Dive After Nvidia CEO Says Tech 15-30 Years Away, Technology, Investor's Business Daily, 2025년 1월 8일

115 크리스 밀러, 노정태 옮김,《칩워Chip War》, 283쪽, 부키, 2023 참조

116 Francis Fukuyama, The End of History, The National Interest, No.16 (Summer)

(1989)

117 크리스 밀러, 앞의 책, 30쪽

118 무역뉴스, 중국 '반도체 굴기' 성공 여부 좌우할 요소들은?, 한국무역협회 (KITA), 2023년 10월 11일

119 크리스 밀러, 앞의 책, 580쪽

120 Mckinsey&Co., *Quantum Technology Monitor*, 2024 April

121 Mckinsey&Co., *Quantum Technology Monitor*, 2024 April

122 Mckinsey&Co., *Quantum Technology Monitor*, 2024 April

DEEP INSIGHT SERIES 3

양자컴퓨터 시대의 양자 교양

초판 1쇄 발행	2025년 12월 10일
지은이	이동우
펴낸곳	(주)행성비
펴낸이	임태주
편집총괄	이윤희
책임편집	조세진
디자인	이유나
마케팅	배새나
출판등록번호	제2010-000208호
주소	경기도 김포시 김포한강10로 133번길 107, 710호
대표전화	031-8071-5913
팩스	0505-115-5917
이메일	hangseongb@naver.com
홈페이지	www.planetb.co.kr

ISBN 979-11-6471-308-0 03400

※ 이 책은 신저작권법에 따라 보호를 받는 저작물이므로 무단 전재와 무단 복제를 금합니다. 이 책 내용의 일부 또한 전부를 이용하려면 반드시 저작권자와 (주)행성비의 동의를 받아야 합니다.
※ 책값은 뒤표지에 있습니다. 잘못 만들어진 책은 구입하신 서점에서 교환해 드립니다.

행성B는 독자 여러분의 참신한 기획 아이디어와 독창적인 원고를 기다리고 있습니다.
hangseongb@naver.com으로 보내 주시면 소중하게 검토하겠습니다.